土木工程科技创新与发展研究前沿丛书

U0176814

薄壁钢管混凝土结构的
力学性能与设计方法

刘界鹏　王宣鼎　周绪红
程国忠　魏　巍　王先铁　著

中国建筑工业出版社

图书在版编目（CIP）数据

薄壁钢管混凝土结构的力学性能与设计方法 / 刘界
鹏等著. — 北京：中国建筑工业出版社，2022.12（2024.1重印）
（土木工程科技创新与发展研究前沿丛书）
ISBN 978-7-112-27609-7

Ⅰ. ①薄… Ⅱ. ①刘… Ⅲ. ①薄壁钢管-钢管混凝土
结构-力学性能②薄壁钢管-钢管混凝土结构-结构设计
Ⅳ. ①TU392.1

中国版本图书馆 CIP 数据核字（2022）第 120047 号

本书是作者近年来对薄壁钢管混凝土结构创新性研究成果的总结。全书分为 8 章，包括绪论、薄壁方钢管混凝土柱受压性能、薄壁圆钢管混凝土柱受压性能、薄壁方钢管混凝土柱抗震性能、薄壁圆钢管混凝土柱抗震性能、薄壁圆钢管混凝土柱-钢梁框架节点抗震性能、薄壁方钢管混凝土柱-钢梁框架节点抗震性能和薄壁钢管混凝土结构设计方法。

本书内容可供土木工程专业的高年级本科生、研究生、教师、科研人员和工程设计人员参考。

责任编辑：李天虹
责任校对：李辰馨

土木工程科技创新与发展研究前沿丛书
薄壁钢管混凝土结构的
力学性能与设计方法
刘界鹏　王宣鼎　周绪红
程国忠　魏　巍　王先铁　著

*

中国建筑工业出版社出版、发行（北京海淀三里河路9号）
各地新华书店、建筑书店经销
北京鸿文瀚海文化传媒有限公司制版
建工社（河北）印刷有限公司印刷

*

开本：787 毫米×1092 毫米 1/16 印张：13½ 字数：332 千字
2022 年 10 月第一版 2024 年 1 月第三次印刷
定价：46.00 元
ISBN 978-7-112-27609-7
（39792）

前　言

　　钢管混凝土柱的承载力高，抗震性能好，施工速度快，综合效益好，在我国的超高层建筑、重载工业厂房、大型交通建筑中得到了广泛应用。目前工程中应用钢管混凝土时，一般为荷载大、轴压比高的承重柱；因为轴压比高，一般钢管的径厚比/宽厚比均较小，为 50 左右，即柱截面的含钢率在 8% 左右。但随着我国装配式建筑产业的发展，钢管混凝土柱在一般多高层结构中的应用日益广泛。钢管混凝土框架结构的施工速度快，装配效率高，跨度大，在装配式多高层公共建筑、多层电子厂房、多层物流仓储、多层车库中均有良好的应用前景。多高层钢管混凝土框架结构中，框架柱承担的荷载一般较小，且框架柱的截面尺寸不能过小以保证框架抗侧刚度满足要求，因此钢管混凝土框架柱的轴压比一般较小。较小的轴压比工况下，钢管混凝土框架柱的钢管径厚比/宽厚比可显著降低，即采用薄壁钢管混凝土柱，从而降低结构用钢量，提高经济效益。

　　根据当前的工程应用情况，由于担心钢管的局部屈曲问题，结构工程师很少设计径厚比/宽厚比超过规范限值的钢管混凝土柱；作者也将径厚比/宽厚比超过规范限值的钢管混凝土柱称为薄壁钢管混凝土柱。目前，国内外对薄壁钢管混凝土柱的研究较多，但研究集中于轴压短柱、防局部屈曲加劲方式、加劲构件的抗震性能，对薄壁钢管混凝土的偏压力学性能、截面轴力-弯矩相关计算理论、中长柱的稳定理论、梁柱节点力学性能与设计方法等研究较少，也未形成系统的设计理论。我国的《钢管混凝土结构技术规范》GB 50936 给出了钢管混凝土结构的系统设计理论，但这部规范主要针对普通钢管混凝土结构。当钢管的径厚比/宽厚比超过规范限值，即钢管混凝土的含钢率小于 5% 时，钢管混凝土柱的力学性能更接近钢筋混凝土柱，一般钢管混凝土柱的设计方法并不完全适用。基于此，作者近年来针对薄壁钢管混凝土结构开展了系统的研究工作，研究了柱钢管的局部屈曲性能、新型加劲方式、偏压构件力学性能、截面轴力-弯矩承载力相关计算理论、中长柱的稳定承载力计算方法、压弯构件抗震性能、梁柱节点的抗震性能与设计方法等，形成了较为完整的设计理论。

　　本书是作者近年来创新性研究成果的总结。全书分为 8 章，包括绪论、薄壁方钢管混凝土柱受压性能、薄壁圆钢管混凝土柱受压性能、薄壁方钢管混凝土柱抗震性能、薄壁圆钢管混凝土柱抗震性能、薄壁圆钢管混凝土柱-钢梁框架节点抗震性能、薄壁方钢管混凝土柱-钢梁框架节点抗震性能和薄壁钢管混凝土结构设计方法。本书内容可供土木工程专业的高年级本科生、研究生、教师、科研人员和工程设计人员参考。

　　本书的研究过程中，研究生刘鹏飞、续慧敏、丁艳、赵桥荣、胡佳豪、高盼、汤雨欣和黄学思等均参与了试验研究或有限元分析工作，没有他们的辛勤付出，本书不可能最终成稿。本书的研究工作还得到了国家自然科学基金重大项目（51890902）、中央高校科研基金项目的资助。在此，作者谨向对本书研究工作提供无私帮助的各位研究生、国家自然科学基金委员会、教育部表示诚挚的感谢！

　　需要指出的是，本书对薄壁钢管混凝土结构的研究尚需进一步深入，薄壁钢管混凝土结构与装配式技术也需要进一步融合。作者期待本书的出版对推动我国装配式建筑技术的发展起到一定作用。由于作者水平有限，书中难免有不足之处，恳请读者批评指正。

目　录

第 1 章　绪论

1.1　研究背景

钢管混凝土柱的力学性能优异，在超高层建筑、大跨复杂结构、地下重载结构、桥梁结构中得到广泛应用，取得了优异的社会与经济效益[1-2]。相比之下，在多层建筑结构、中小跨径桥梁以及其他竖向荷载作用较小的结构中，钢管混凝土柱的应用并不普遍，其主要原因之一在于，相比于传统钢筋混凝土柱，钢管混凝土柱应用于这类结构中时用钢量较高，经济性相对较差。而近年来我国开始大力发展装配式建筑，推进工程建造的工业化转型升级，通过建筑工业化来解决劳动力日渐不足的问题，并提升建设工程的品质。在此背景下，钢管混凝土柱因其优异的结构性能、成熟的装配与连接工艺、高效的施工效率，在多高层建筑和中小跨径桥梁结构中的应用优势逐渐显现[3-5]。此外，随着高强钢材冶炼技术的不断成熟，结构用钢的高强化趋势愈加明显，如何在各类工程结构中高效应用高强钢材成为工程界和学术界广泛关注的热点问题；而钢管混凝土结构在应用高强钢方面的优势显著，具有广阔的发展前景。

为进一步改善钢管混凝土结构的经济性，提升其适用范围，顺应结构用钢高强薄壁化的发展趋势，薄壁钢管混凝土结构受到越来越多的关注。薄壁钢管混凝土结构由于采用壁厚更薄的钢管，在减少钢材用量的同时，大幅度减轻焊接工作量，现场施工与安装更加方便，在多高层建筑和中小跨径桥梁等荷载较小的结构中应用优势显著。所谓"薄壁"是一个相对的概念，可通过受压构件是否需要考虑钢材板件局部屈曲对构件强度的削弱效应进行区分，一般认为薄壁钢管不能满足全截面塑性的假定。以方形（箱形）受压截面为例，我国《钢结构设计标准》GB 50017—2017[6] 规定：空钢管构件能满足二级全截面塑性的宽厚比限值为 $35\sqrt{235/f_y}$；而钢管混凝土构件由于内填混凝土的支撑作用，根据我国《钢管混凝土结构技术规范》GB 50936—2014[7]，其满足全截面塑性的宽厚比限值为 $60\sqrt{235/f_y}$。表 1.1 给出了多国现行结构设计规范与标准对圆、方钢管混凝土结构中钢管径/宽厚比最大值的规定；从表中可以看出，随着钢材强度等级的提高，钢管局部屈曲对构件受力性能影响更为显著，钢管径/宽厚比限值要求更为严格。

薄壁钢管混凝土柱的应用优势显著，但在应用中存在力学性能上的不足。对于突破径厚比/宽厚比限值的薄壁钢管混凝土柱，其强度计算需要考虑因钢管局部屈曲而引起的削弱效应，导致材料性能利用不充分；相关计算方法较为复杂，且没有明确的设计依据，导致推广应用阻力较大。此外，在地震作用下，薄壁钢管的过早屈曲将造成钢管混凝土构件强度和延性的退化，削弱结构抗震与耗能能力。尤其对于薄壁方钢管混凝土柱，薄壁方钢管对屈曲效应敏感且对混凝土的约束作用不足，钢管局部屈曲将大幅度削弱结构抗震性能，是结构工程师所担心的主要问题。设置纵向加劲肋是改善薄壁钢管屈曲性能的有效手段,加劲肋可有效提高钢管的面外刚度,改善钢管屈曲强度的同时降低管壁屈曲波峰高度;相关研究结果表明[8-9],纵向加劲肋对于改善薄壁钢管混凝土柱的屈曲性能和受压承载力效果显著,但对于延性的改善并不理想。薄壁钢管混凝土柱的另一加强思路提高核心混凝土的约束效应,常用方法包括设置对拉钢片/螺栓/钢筋或斜向隔撑加劲板等,通过额外约束限制钢管的面外变形,改善钢管对混凝土的约束作用;相关研究结果表明[10-11],提高核心混凝土的约束效应能有效提高薄壁方钢管混凝土柱的承载力和延性。

相关设计规范对钢管混凝土柱钢管径/宽厚比限值的规定　　　　表1.1

规范	GB 50936—2014		EC 4—2004		BS 5400—2005		AIJ—2001	
截面	圆形	方形	圆形	方形	圆形	方形	圆形	方形
公式 强度 等级	$135\dfrac{235}{f_y}$	$60\sqrt{\dfrac{235}{f_y}}$	$90\sqrt{\dfrac{235}{f_y}}$	$52\sqrt{\dfrac{235}{f_y}}$	$\sqrt{8\dfrac{E_s}{f_y}}$	$\sqrt{3\dfrac{E_s}{f_y}}$	$\dfrac{360\times98}{(f_y,0.7f_u)_{min}}$	$\dfrac{111}{\sqrt{(f_y,0.7f_u)_{min}/98}}$
Q235	135	60	90	52	84	51	150	77
Q345	92	50	74	43	69	42	102	59
Q390	81	47	70	40	65	40	90	56
Q420	76	45	67	39	63	38	84	54
Q460	69	43	64	37	60	36	77	51

合理加劲的薄壁钢管混凝土结构具有优异的结构性能,可充分利用高强钢材的性能,在多/高层建筑及中小跨径桥梁等结构中具有广阔的应用前景。然而,现有加劲形式仍存在一定的不足,加劲薄壁钢管混凝土柱在实际工程中的推广效果并不理想。一方面,加劲肋对钢管加工影响显著,存在加工复杂、焊接量大、表面平整度差等问题;另一方面,设置加劲肋所需的大量焊接会造成薄壁钢管的焊接损伤,减低钢材的断裂韧性,从而削弱构件的延性及变形能力。因此,亟待进一步优化薄壁钢管混凝土柱的加强方法,在改善结构受力性能的同时,简化构造,减少焊接,提高加工与经济效率。此外,针对薄壁钢管混凝土结构的研究相对分散,缺少系统性设计理论,阻碍了该类结构的推广与应用。

1.2　薄壁钢管混凝土结构的研究现状

1.2.1　薄壁钢管混凝土柱的局部屈曲研究

钢管的屈曲模型和临界宽/径厚比是研究薄壁钢管混凝土柱屈曲性能的基础,国内外相关研究成果较多。Uy 等[12]采用弹性局部屈曲有限元模型研究了钢-混凝土组合构件中钢板的屈曲性能,对钢板与混凝土接触时的初始弹性和非弹性局部屈曲以及屈曲后性能进行了理论研究,提出了适用于设计的临界宽厚比[13]。Mursi 等[14]对薄壁细长方钢管混凝土柱进行了轴压试验,提出考虑约束和局部屈曲耦合作用的弹塑性屈曲模型。Liang 等[15]提出了一种非线性纤维单元分析方法,用于预测具有局部屈曲效应的薄壁钢管混凝土短柱的极限强度和性能;并基于性能分析(PBA)技术和非线性纤维分析方法[16-17],对存在局部屈曲效应的薄壁钢管混凝土梁柱进行了非线性分析和性能设计。王战[18]基于薄壁圆钢管混凝土柱的试验研究和理论分析，提出了薄壁圆钢管混凝土柱的轴压承载力计算公式和满足实际工程要求且不发生局部失稳的径厚比限值。曹宝珠、张耀春[19-20]对薄壁钢管混凝土短柱、长柱的静力性能进行了理论研究，通过分析钢管与核心混凝土的相互作用机理，得出薄壁钢板在双向应力下的临界屈曲系数，并推导了圆、方形钢管混凝土柱中钢管不发生局部屈曲的临界应力和临界径/宽厚比。

构件屈曲后强度与性能的预测是薄壁钢管混凝土柱的另一研究热点。Liang 和 Uy[21]对焊接薄壁箱型钢管混凝土柱中钢板的屈曲性能进行了理论研究，有效预测了存在初始缺陷钢板的初始局部屈曲荷载和屈曲后行为。Shanmugam 等[22]介绍了一种预测混凝土组合柱局部屈曲性能的分析模型，利用已有的试验数据对数值模型进行了验证。Wheeler 和 Bridge[23]采用有限元方法探究了初始缺陷对薄壁圆钢管混凝土柱的受弯承载力及屈曲后性能的影响，发现特定形状的初始缺陷会降低构件的受弯承载力。丁发兴等[24]为研究钢管材料缺陷对方钢管混凝土柱受力性能的影响，对钢管设置人工缺口的钢管混凝土短柱进行了轴压试验，考虑切口长度、切口方向、切口位置等参数的影响。陈勇等[25]结合有限元对考虑钢管局部屈曲后的薄壁钢管混凝土轴压短柱极限承载力进行了研究，从理论上探讨了薄壁钢管混凝土柱在外部钢管屈曲后仍能达到较高极限承载力的机理。为充分考虑钢管的局部屈曲、约束混凝土的非线性行为以及钢管与混凝土接触面的相互作用，Vu 等[26]研究了圆钢管混凝土柱在轴向载荷作用下的极限强度和局部屈曲模态，通过钢管混凝土柱的应变响应和数值模拟结果，对混凝土核心区出现裂纹、钢管表面局部屈曲时的破坏模式进行了分析。

1.2.2　薄壁钢管混凝土柱的加强方法

为进一步改善薄壁方钢管混凝土柱的受力性能，国内外学者提出了多种加劲肋形式来延缓局部屈曲，改善薄壁方钢管混凝土柱的变形特性，按受力机理可分为纵向加劲肋、横向加劲肋、混合加劲肋三类方法。

纵向直肋是最为常见的纵向加劲方法（图 1.1a），可有效提高钢管的面外刚度，具有较好的工作性能，并且能有效提高薄壁钢管混凝土柱的峰值承载力，在改善钢管屈曲强度的同时降低管壁屈曲波峰高度。多位学者[9,27]对纵向加劲的薄壁钢管混凝土受力性能开展试验与理论研究，考察参数包括钢管宽厚比、长宽比和直肋刚度等。相关研究结果表明，薄壁钢管混凝土短柱以剪切破坏形式为主，在混凝土压溃之前加劲肋与混凝土能保持良好的粘结；短柱的极限承载力与肋板的宽度和方钢管宽厚比有关；纵向加劲肋对于改善薄壁钢管混凝土柱的屈曲性能和受压承载力效果显著，但不能有效改善构件的延性。张耀春等[8,28-29]提出冷弯拼接直肋加劲薄壁钢管混凝土柱（图 1.1b），由带卷边加劲的冷弯槽钢或等边角钢通过焊接组成；探究了短柱极限承载力与肋板的宽度、柱面钢板宽厚比的关系：当钢板厚度和肋边宽度一定时，随着柱截面尺寸增大，极限承载力的提高幅度减小。Petrus 等[30]提出一种带片状直肋的薄壁钢管混凝土柱（图 1.1c），使加劲肋对钢管薄壁混凝土短柱的粘结强度和轴向承载能力均有显著提高。

横向加劲方法一般是在钢管相对管壁（对拉）或相邻管壁（斜拉）设置对横向钢片/螺栓/钢筋等，图 1.2 展示了四种典型的横向加劲方法，主要通过点约束限制钢管的面外变形，改善方钢管对混凝土的约束作用。相关研究结果表明[10-11,31-36]，横向加劲肋通过改

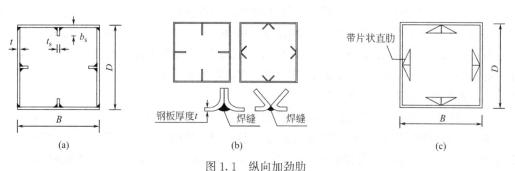

图 1.1　纵向加劲肋

（a）纵向直肋；（b）冷弯拼接直肋[28-29]；（c）带片状直肋[30]

善薄壁钢管的屈曲模态与约束效应，有效提高薄壁方钢管混凝土柱的承载力和延性。设置对拉钢筋[32]，减小了钢板屈曲的半波长，提高了临界屈曲承载力，延迟或抑制了钢管过早出现局部屈曲，并提高了钢管角部和设置拉筋处对核心混凝土的约束作用，且当对拉钢筋的间距越小，截面面积越大，承载力提高和延性的改善效果越好。斜拉肋[10] 改善了方钢管对核心混凝土的约束，能显著提高方钢管混凝土柱的极限强度和延性，但在宽厚比小于 70 时，试件的刚度会有一定程度的降低；随着斜拉肋纵向间距的减小，延性的提高尤为显著。丁发兴等[37] 验证了焊接箍筋钢管混凝土柱比其他加劲钢管混凝土柱具有更好的力学性能，各种形式的加劲方法均能有效地提高柱的延性，但对极限承载力的提高有限；而采用内环箍和螺旋箍筋的短柱，有效地缓解了方钢管的局部屈曲，提高了极限承载力和延性；且在相同配筋率的情况下，内置螺旋箍筋比其他加固方法具有更好的约束效果。Wang 等[38] 提出了一种新型焊接异形钢筋的加强方法，使混凝土和钢管的破坏模式由脆性剪切破坏模式（未加劲试件）改进为局部混凝土压碎的延性破坏模式，钢管屈曲普遍滞后。

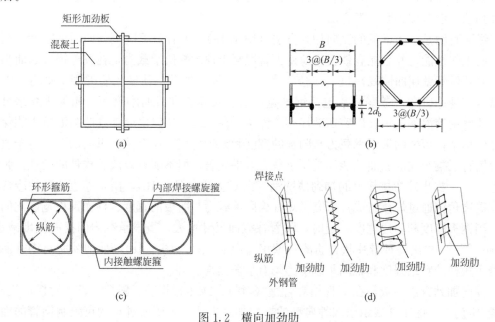

图 1.2　横向加劲肋

（a）对拉钢筋[32]；（b）斜拉肋[10]；（c）焊接箍筋[37]；（d）焊接异形钢筋[38]

混合加劲方法主要包括直肋-横隔板、直肋-对拉钢片、隅撑加劲肋等形式，结合了竖向加劲和横向加劲各自的特点，力学性能优异，使钢管混凝土有很好的环向约束和纵向增强作用，钢管的局部屈曲得到了延缓或消除。Goto 等[39] 对带有纵向直肋和横隔板的方钢管混凝土柱进行了抗震性能研究（图 1.3a），在循环荷载作用下，其强度、延性和耗能能力均得到显著提高；然而，由于薄壁钢管混凝土柱中塑性应变的积累和拉应力的集中，导致在柱的强度和延性发展之前钢管就发生了断裂。Tao 等[40] 使用直肋和对拉钢片的加劲方法（图 1.3b），在一定程度上提高了加劲薄壁钢管混凝土柱的延性。Zhou 和 Gan 等[41] 提出开孔隅撑加劲肋方钢管混凝土柱（图 1.3c），采用薄壁开孔钢板对角焊接，斜拉肋加劲能有效地提高钢管与混凝土的组合效果，提高钢管混凝土柱的力学性能。Dong 等[42] 发现在钢管混凝土柱内部设置内隔板，可显著提高钢管混凝土柱的极限承载力和耗能能力，而对拉钢筋有助于改善混凝土在荷载下降阶段的约束效应。

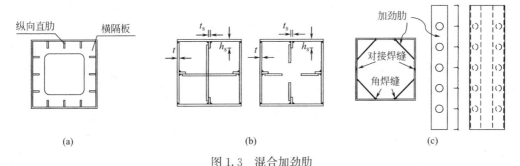

图 1.3　混合加劲肋

（a）直肋-横隔板[39]；（b）直肋-对拉钢片[40]；（c）开孔隅撑加劲肋[41]

图 1.4 整理了部分现有加劲薄壁方钢管混凝土轴压短柱的试验结果[9,10,27,40-41,43]，通过对比强度提高系数（试验轴压强度/名义叠加强度）与延性系数（极限位移/屈服位移）可发现：设置加劲肋可有效改善薄壁方钢管混凝土柱力学性能，纵向加劲肋[9,27] 改善了钢管与混凝土之间的组合效应；国内外学者所进行的大量轴压试验检验了钢管宽厚比、加劲肋刚度、高厚比等关键参数的影响，以验证纵向加劲肋改善钢管混凝土柱性能的有效性。此外，横向加劲[10] 与混合加劲方法[40-41] 对较大宽厚比试件的性能改善显著，既能提高方钢管对混凝土的约束，又能提高方钢管局部屈曲性能。合理加劲的薄壁钢管混凝土柱具有优异的结构性能，可充分利用高强钢材的性能，在多高层建筑及中小跨径桥梁等结构中具有广阔的应用前景。

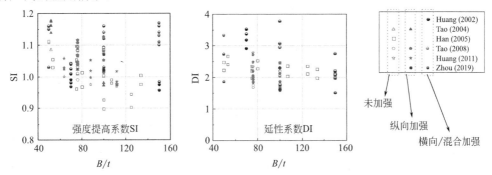

图 1.4　加劲薄壁方钢管混凝土轴压短柱的试验结果对比

1.2.3 薄壁钢管混凝土柱的试验研究

（1）受压性能静力试验

自 20 世纪 90 年代起，国内外学者对薄壁钢管混凝土柱进行了大量的受压静力试验研究，主要考察参数包括加劲肋形式、钢管径/宽厚比、混凝土及钢材强度等；表 1.2 整理了相关试验的主要参数范围。针对直肋加劲的方钢管混凝土柱，多位学者对其受压性能进行了试验研究[9,27,44-46]，参数覆盖范围较广，相关试验结果验证了直肋在限制方钢管局部屈曲和提高构件承载力方面的作用；然而，直肋在改善核心混凝土约束效应方面的作用不明显，峰值荷载后构件承载力退化较快，该类构件的延性和变形性能需进一步提高。相比之下，斜拉肋、对拉钢片、焊接钢筋等加劲形式的提出时间较晚[10,40,47]，相关试验数据的积累并不充分，参数覆盖范围较窄，特定加劲肋形式往往仅提出该加劲肋的学者进行了少量的试验研究；但相关试验结果表明，上述几种加劲肋形式在改善核心混凝土约束效应方面作用显著，同时在一定程度上推迟钢管局部屈曲，能有效提高薄壁方钢管混凝土柱的极限承载力和延性。此外，一些学者针对不同加劲肋形式进行了对比试验研究。张耀春等[11,28-29,48]对普通、单向和双向设置冷弯拼接直肋的 10 种截面形式，单向和双向设置对拉钢片及不同对拉钢片间距的 4 种截面形式的薄壁方钢管混凝土短柱进行了轴压试验，不论单向或双向设置冷弯拼接直肋（直肋与 V 形直肋）均能有效提高短柱的极限承载力，对拉钢片的间距越小承载力越高。Dong 等[42]对对拉钢片、横隔板和钢筋笼等形式的矩形钢管混凝土巨型柱进行了重复轴压试验，当荷载开始下降时，对拉钢片提高了混凝土的约束作用；内隔板对试件极限承载力和耗能能力提高显著；钢筋笼对试件极限承载力和延性提高显著。

关于薄壁圆钢管混凝土柱的研究，Bridge 和 O'Shea[49-51]对带内部约束的薄壁圆钢管短柱的性能进行了研究，并将薄壁圆钢管混凝土柱的轴压试验结果与欧洲规范 EC4 计算结果进行对比，提出了 EC4 对应不同混凝土强度时的适用范围。张耀春等[52-53]发现内填混凝土的存在可较大程度提高圆钢管柱的局部稳定承载力，降低对管壁缺陷的敏感性；薄壁钢管混凝土轴压长柱柱中挠度在破坏之前均较小，在加载后期才有较大的发展，而且长细比和板件宽厚比越大挠度发展越快，越容易失稳。此外，多位学者[54-56]对环箍约束形式的钢管混凝土柱进行了试验研究，结果表明，环箍能对薄壁钢管提供较好约束，延缓钢管的局部屈曲，提高柱的承载力，显著改善其延性。

薄壁钢管混凝土受压性能静力试验数据汇总　　　　　　　　　　　　表 1.2

编号	作者	截面	加劲肋	宽/径厚比范围	混凝土强度范围 f_c (MPa)	钢材强度范围 f_y (MPa)	个数
1	Ge 等[46]	方	直肋	43.7~73	39.2~48.3	266~309	10
2	Tao 和 Han 等[9]	方	直肋(内/外)	52~100	50.1~54.8	234.3~311.0	19
3	Petrus 等[30]	方	带片状直肋	100	30~35	236~300	28
4	黄宏等[27]	方	直肋	64~112	40.6~47.0(f_{cu})	202~221	14
5	Lee 等[44]	方	直肋	60	70.5~83.6	301~746	5

续表

编号	作者	截面	加劲肋	宽/径厚比范围	混凝土强度范围 f_c (MPa)	钢材强度范围 f_y (MPa)	个数
6	Yuan 等[45]	方	直肋	64	47.6~50.0(f_{cu})	230	12
7	Huang 等[10]	方	斜拉肋	40~150	23.94~31.15	265.8~341.7	17
8	Cai 等[47]	方	对拉钢筋	25~75	39.82	344.45~365.49	15
9	Tao 和 Han 等[40]	方	直肋、焊接钢筋等	76~100	58.3~69.0	270~428	36
10	张耀春等[48]	方	直肋、V 字斜肋、对拉钢片	80~240	29.71~32.95	373.1	42
11	Dong 等[42]	矩形	对拉钢片、横隔板、钢筋笼等	40	46.0(f_{cu})	239.14~386.40	6
12	Gan 等[41]	方	开孔隔撑加劲肋	50~150	48.6	176.7~356.1	19
13	张耀春等[53]	圆、方、八边形	无	75.5~120.8	15.48~49.12	222.7~231.3	26
14	O'Shea[51]	圆	无	55~200	47.5	185.7~363.3	22
15	O'Shea[49]	圆	无	60~220	41~108	185.7~363.3	15
16	李艳等[54]	圆	环箍	41.0~80.3	9.27	331.8~387.2	8
17	丁发兴等[55]	圆	井字、米字、环向箍筋	125	48.5	380	10
18	Wu 和 Zhang 等[56]	圆	环箍	123~152	18.6~58.1	287~307	20

（2）滞回性能的拟静力试验

国内外对薄壁钢管混凝土柱滞回性能的拟静力试验相对偏少；表 1.3 整理了相关试验的主要参数范围。Wu 等[57-58]对薄壁钢管再生混凝土构件进行了拟静力试验，研究发现，在保持轴压比和钢管厚度不变时，填充再生块体混凝土试件的侧向强度普遍低于普通钢管混凝土柱，并且随着钢管厚度减小，侧向强度退化更加明显。在直肋加劲薄壁方钢管混凝土柱的滞回性能研究方面，张耀春等[8]发现随着轴压比的增加，试件的变形能力明显降低；四边均设冷弯拼接直肋试件的延性和耗能能力比对边设肋试件的强，抗震性能更好。Hsu 和 Yu 等[59]在可能出现塑性铰的区域设置对拉钢筋来限制钢板的面外变形，延缓管壁的局部屈曲，使试件延性得到显著提高。丁发兴等[60]提出在轴压相同的情况下，提高末端箍筋区域高度或提高等效箍筋率均可有效改善矩形钢管混凝土柱的抗震性能。Sun 等[61]对超大径厚比的高强钢管混凝土柱进行了滞回性能试验，试验结果表明，尽管使用高强钢会在一定程度上降低延性，但在钢管混凝土柱中，薄壁钢管的弹塑性变形能力显著提高，屈曲性能得到明显改善；对于径厚比过大、轴压比较低的高强钢管混凝土柱，水平力会使试件发生剪切破坏，不利于耗能。Goto 等[62]等通过双向循环加载和双向振动台试验，研究薄壁钢管混凝土柱在地震作用下的局部屈曲抑制性能，并发现在钢管上设置横隔板会使薄壁钢管混凝土柱截面发生内力重分布，可延缓钢管的局部屈曲。

薄壁钢管混凝土滞回性能试验数据汇总   表 1.3

编号	作者	截面	加劲肋	宽/径厚比范围	混凝土强度范围 f_c(MPa)	钢材强度范围 f_y(MPa)	个数	备注
1	Wu 等[57]	方	无	54.5～168.5	37.6～48.2 ($f_{cu,old}$～$f_{cu,new}$)	255.8～350.0	15	再生块体混凝土
2	张耀春等[8]	方	直肋	17.6～135.2	32	202	9	
3	Hsu 和 Yu 等[59]	方	对拉钢筋	44.7～85.5	34	321	18	
4	丁发兴等[60]	方、矩形	箍筋	66.7	32.4	368	46	末端配箍
5	Sun 等[61]	圆	无	70～130	43.5～97.6	722.6	16	
6	Goto 等[62]	圆	横隔板	48.1～66.1	28.43～34.53	299.3～414.3	7	

1.2.4 薄壁钢管混凝土梁柱节点力学性能研究

钢管混凝土梁柱节点类型丰富，环板式节点是迄今为止研究相对成熟、应用较多的一种节点。环板式钢管混凝土梁柱节点传力路径简洁明确，刚度大，承载力高，具有良好的抗震能力，为此我国现行的《钢管混凝土结构技术规范》GB 50936—2014[7] 和《矩形钢管混凝土结构技术规程》CECS 159：2004[63] 均推荐了环板式节点。国内外学者针对环板式钢管混凝土柱-钢梁框架节点进行了大量的研究，涉及静力试验、抗震试验、有限元模拟和理论分析等[64-67]，但研究成果适用于径厚比小于 50 的钢管混凝土柱。目前，关于环板式薄壁钢管混凝土柱-钢梁框架节点的研究尚未见报道。

高层建筑的底层钢管混凝土柱需承担较大的竖向荷载，其截面尺寸通常较大，导致钢梁翼缘宽度与柱直径/宽度比值（r_{wd}）通常小于 0.25。对于高层建筑的底层钢管混凝土柱-钢梁框架节点而言，因钢梁翼缘宽度与柱直径比值不满足我国现行的《钢管混凝土结构技术规范》GB 50936—2014 附录 C 中的规定，环板宽度难以计算。近年来，国内学者以实际工程为背景，开展了小 r_{wd} 的圆钢管混凝土柱-钢梁框架节点的试验研究。吴思宇等以武汉中心项目为原型，进行了 $r_{wd}=0.2$ 的圆钢管混凝土柱-钢梁框架节点的抗震性能研究，建议了带端板的 1/10 管径内加劲环和不带端板的 1/6 管径的内加劲环两种构造方式[68]。范重等以北京阳光金融中心项目为原型，进行了 $r_{wd}=0.2$ 的圆钢管混凝土柱-钢梁框架节点的抗震性能研究，建议了环板对拉钢筋的构造方式[69]。此外，《矩形钢管混凝土结构技术规程》CECS 159：2004 的环板宽度计算方法是建立在大 r_{wd} 的方钢管混凝土柱-钢梁框架节点抗震试验基础上，缺乏对小 r_{wd} 的方钢管混凝土柱-钢梁框架节点试验结果的验证[70]。

综上可见，薄壁钢管混凝土梁柱节点和小 r_{wd} 的钢管混凝土梁柱节点的环板设计方法缺失，相关研究不足。

1.3 本书主要内容

本书将介绍作者近年来在薄壁钢管混凝土结构方面的研究内容和初步成果，主要包括以下内容：

（1）薄壁钢管混凝土柱的优化加强方法

针对薄壁方钢管混凝土柱，提出一种新型衬管加强方法（图 1.5a），即采用内衬圆钢管/八边形钢管，通过间断塞焊的连接方式，对薄壁方钢管进行加强，具有加工方便（衬管与外钢管分别加工，焊接量小）、约束效应强、屈曲性能优异等优势。针对薄壁圆钢管混凝土柱，提出一种柱端塑性铰区局部外套/内衬圆钢管的加强方法（图 1.5b），局部加强圆钢管与柱钢管通过间断塞焊或自攻螺钉进行连接，可有效提高薄壁圆钢管混凝土柱的抗震性能，在加工便捷性和综合经济效益方面优势明显。

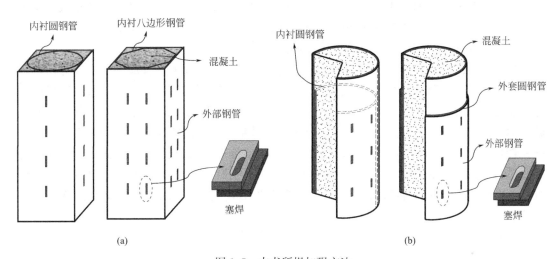

图 1.5　本书所提加强方法

（a）内衬圆钢管/八边形钢管加强方法；（b）外套/内衬圆钢管加强方法

（2）加劲薄壁方钢管混凝土柱的受压性能

以加劲肋形式（无加劲肋、塞焊内衬圆钢管加劲肋、塞焊内衬八边形钢管加劲肋）、钢管宽厚比、钢材强度等级和偏心率为主要参数，完成 20 个薄壁方钢管混凝土柱的受压性能试验，通过对比分析不同参数试件的破坏模式、承载能力和变形特征，探究所提出加劲肋对薄壁方钢管的屈曲发展机制、断裂特性及其对混凝土约束效应等方面的影响规律，对不同参数试件的刚度、承载力和延性等性能指标进行评估。基于试验建立衬管加劲薄壁方钢管混凝土受压构件的精细化有限元模型，进一步揭示衬管加劲肋在改善薄壁方钢管混凝土柱核心混凝土受约束水平、钢管屈曲模态、截面内力重分布特性等方面的作用机理，并明确构件的破坏模式和力学性能。

（3）加劲薄壁圆钢管混凝土柱的受压性能

以加劲肋形式（无加劲肋、塞焊内衬方钢管加劲肋、塞焊对拉钢板加劲肋）、钢管径厚比、钢材强度等级和偏心率为主要参数，完成 24 个薄壁圆钢管混凝土柱的受压性能试验，通过对比分析不同参数试件的破坏模式、承载能力和变形特征，探究所提出加劲肋对薄壁圆钢管的屈曲发展机制、断裂特性及其对混凝土约束效应等方面的影响规律，对不同参数试件的刚度、承载力和延性等性能指标进行评估。基于试验建立薄壁圆钢管混凝土受压构件的精细化有限元模型，揭示薄壁圆钢管混凝土轴压和偏压构件的受力机理、破坏模式和力学性能。

（4）加劲薄壁方钢管混凝土柱的抗震性能

以塑性铰区加劲肋形式（无加劲肋、四角斜肋、内衬圆钢管加劲肋、内衬八边形钢管加劲肋）、钢管宽厚比、轴压比、钢材强度等级和加劲肋连接方式（角焊缝、塞焊、自攻螺钉）为主要参数，分两批设计完成 19 个薄壁方钢管混凝土柱的拟静力抗震性能试验，分析不同参数下薄壁方钢管混凝土柱的滞回机理、屈曲发展机制、断裂特性、破坏模式等，从刚度退化、变形性能和耗能能力等方面对加劲薄壁方钢管混凝土柱的抗震性能进行评估。建立基于 OpenSees 软件的纤维数值模型，实现薄壁方钢管混凝土柱滞回性能的有效预测，并开展包括轴压比、钢管宽厚比、柱长细比、加劲肋厚度、材料强度等级等参数的拓展参数分析，揭示各参数对薄壁方钢管混凝土柱抗震性能的影响规律。

（5）加劲薄壁圆钢管混凝土柱的抗震性能

以塑性铰区加劲肋形式（无加劲肋、纵向直肋、塞焊外套圆钢管加劲肋、塞焊内衬圆钢管加劲肋）、钢管径厚比、轴压比、钢材强度等级和加劲肋连接方式（塞焊、自攻螺钉）为主要参数，分两批完成 18 个薄壁圆钢管混凝土柱的拟静力抗震性能试验，分析不同参数下薄壁圆钢管混凝土柱的滞回机理、屈曲发展机制、断裂特性等，从刚度退化、变形性能和耗能能力等方面对加劲薄壁圆钢管混凝土柱的抗震性能进行评估。建立薄壁圆钢管混凝土柱纤维数值模型，并开展包括轴压比、钢管径厚比、柱长细比、加劲肋厚度、材料强度等级等参数的拓展参数分析，揭示各参数对薄壁圆钢管混凝土柱抗震性能的影响规律。

（6）薄壁圆钢管混凝土柱-钢梁框架节点抗震性能

以轴压比、环板形式以及钢梁翼缘宽度与柱直径之比为主要参数，设计完成 5 个薄壁圆钢管混凝土柱-钢梁框架节点的抗震性能试验，获得薄壁圆钢管混凝土柱-钢梁框架节点的抗震破坏模式、荷载-位移关系曲线等，并从节点刚度、延性以及耗能等方面对节点抗震性能进行评估，进一步结合有限元分析结果揭示试验参数对薄壁圆钢管混凝土柱-钢梁框架节点抗震性能的影响机理。

（7）薄壁方钢管混凝土柱-钢梁框架节点抗震性能

以轴压比、柱钢管宽厚比、环板形式以及钢梁翼缘宽度与柱截面边长之比为主要参数，设计完成 6 个薄壁方钢管混凝土柱-钢梁框架节点的抗震性能试验，获得薄壁方钢管混凝土柱-钢梁框架节点的抗震破坏模式、荷载-位移关系曲线等，并从节点刚度、延性以及耗能等方面对节点抗震性能进行评估，进一步结合有限元分析结果揭示试验参数对薄壁方钢管混凝土柱-钢梁框架节点抗震性能的影响机理。

（8）薄壁钢管混凝土结构设计方法

基于薄壁钢管混凝土柱及其梁柱节点的试验研究与有限元分析，进一步拓展研究参数的范围，提出内衬圆管/八边形管加劲薄壁方钢管混凝土柱和未加劲/直肋加劲薄壁圆钢管混凝土柱的截面承载力简化计算方法，并在此基础上对长柱二阶效应进行分析，提出弯矩增大系数和偏心距调节系数计算公式；基于塑性铰模型并考虑钢管对混凝土的约束效应，提出方形截面和圆形截面薄壁钢管混凝土柱水平抗侧恢复力模型，实现构件滞回性能的有效预测；针对薄壁钢管混凝土柱-钢梁框架节点，建立考虑轴力/弯矩和剪力共同作用的环板理论模型，提出了小钢梁翼缘宽度与柱直径/宽度之比的环板设计方法。

参考文献

[1] 钟善桐. 钢管混凝土统一理论：研究与应用 [M]. 北京：清华大学出版社，2006.

[2] 韩林海. 钢管混凝土结构——理论与实践 [M]. 3 版. 北京：科学出版社，2016.

[3] 刘永健，周绪红. 矩形钢管混凝土组合桁梁桥 [M]. 北京：人民交通出版社股份有限公司，2021.

[4] 郭兰慧，李然，范峰，等. 钢管混凝土框架-钢板剪力墙结构滞回性能研究 [J]. 土木工程学报，2012，45（11）：69-78.

[5] HAN L H，LI W，BJORHOVDE R. Developments and advanced applications of concrete-filled steel tubular（CFST）structures：Members [J]. Journal of Constructional Steel Research，2014，100（sep.）：211-228.

[6] 中华人民共和国住房和城乡建设部. 钢结构技术标准：GB 50017—2017 [S]. 北京：中国建筑工业出版社，2017.

[7] 中华人民共和国住房和城乡建设部. 钢管混凝土结构技术规范：GB 50936—2014 [S]. 北京：中国建筑工业出版社，2014.

[8] ZHANG Y C，CHAO X，LU X Z. Experimental study of hysteretic behaviour for concrete-filled square thin-walled steel tubular columns [J]. Journal of Constructional Steel Research，2007，63（3）：317-325.

[9] TAO Z，HAN L H，WANG Z B. Experimental behaviour of stiffened concrete-filled thin-walled hollow steel structural（HSS）stub columns [J]. Journal of Constructional Steel Research，2005，61（7）：962-983.

[10] HUANG C S，YEH Y K，LIU G Y，et al. Axial Load Behavior of Stiffened Concrete-Filled Steel Columns [J]. Journal of Structural Engineering，2002，128（7/9）：1222-1230.

[11] 陈勇，张耀春. 设对拉片方形薄壁钢管混凝土短柱的试验研究与有限元分析 [J]. 建筑结构学报，2006，27（5）：7.

[12] UY B，BRADFORD M A. Elastic local buckling of steel plates in composite steel-concrete members [J]. Engineering Structures，1996，18（3）：193-200.

[13] UY B，BRADFORD M A. Local buckling of thin steel plates in composite construction：experimental and theoretical study [J]. Structures & Buildings，1995，110（4）：426-440.

[14] MURSI M，UY B. Strength of Concrete Filled Steel Box Columns Incorporating Local Buckling [J]. Journal of Structural Engineering，2003，126（3）：341-352.

[15] LIANG Q Q，UY B，et al. Nonlinear analysis of concrete-filled thin-walled steel box columns with local buckling effects [J]. Journal of Constructional Steel Research，2006，62（6）：581-591.

[16] LIANG Q Q. Performance-based analysis of concrete-filled steel tubular beam-columns，Part I：Theory and algorithms [J]. Journal of Constructional Steel Re-

search，2009，65（2）：363-372.

[17] LIANG Q Q. Performance-based analysis of concrete-filled steel tubular beam-columns，Part Ⅱ：Verification and applications [J]. Journal of Constructional Steel Research，2009.

[18] 王战. 薄壁圆钢管混凝土构件轴压力学性能试验研究 [D]. 哈尔滨：哈尔滨工业大学.

[19] 曹宝珠，张耀春. 方形薄壁钢管混凝土柱管壁的宽厚比限值 [J]. 哈尔滨工业大学学报，2004，36（12）：4.

[20] 张耀春，曹宝珠. 轴心受压薄壁圆钢管混凝土柱临界径厚比的确定 [J]. 工程力学，2005（01）：176-180.

[21] LIANG Q Q，UY B. Theoretical study on the post-local buckling of steel plates in concrete-filled box columns [J]. Computers & Structures，2000，75（5）：479-490.

[22] SHANMUGAM N E，LAKSHMI B，UY B. An analytical model for thin-walled steel box columns with concrete in-fill [J]. Engineering Structures，2002，24（6）：825-838.

[23] WHEELER A T，BRIDGE R Q. Thin-Walled Steel Tubes Filled with High Strength Concrete in Bending [C] // Composite Construction in Steel & Concrete Ⅳ Conference. 2002：584-595.

[24] DING F X，FU L，YU Z W. Behaviors of axially loaded square concrete-filled steel tube（CFST）Stub columns with notch in steel tube [J]. Thin-Walled Structures，2017，115：196-204.

[25] 陈勇，董志峰，张耀春. 方形薄壁钢管混凝土轴压短柱约束模型的建立 [J]. 工程力学，2012，29（9）：157-165.

[26] VU L H，NGUYEN D C，DONG L V，et al. Load Rating and Buckling of Circular Concrete-Filled Steel Tube（CFST）：Simulation and Experiment [J]. IOP Conference Series Materials Science and Engineering，2018，371（1）：012032.

[27] 黄宏，张安哥，李毅，等. 带肋方钢管混凝土轴压短柱试验研究及有限元分析 [J]. 建筑结构学报，2011，32（2）：8.

[28] 张耀春，陈勇. 设直肋方形薄壁钢管混凝土短柱的试验研究与有限元分析 [J]. 建筑结构学报，2006，27（5）：7.

[29] 陈勇，张耀春. 设置斜肋方形薄壁钢管混凝土轴压短柱研究 [J]. 东南大学学报：自然科学版，2006，36（1）：6.

[30] PETRUS C，HAMID H A，IBRAHIM A，et al. Experimental behaviour of concrete filled thin walled steel tubes with tab stiffeners [J]. Steel Construction，2010，66（7）：915-922.

[31] WANG Y T，CAI J，LONG Y L. Hysteretic behavior of square CFT columns with binding bars [J]. Journal of Constructional Steel Research，2017，131：162-175.

[32] 黎志军，蔡健，谭哲东，等. 带约束拉杆异性钢管混凝土柱力学性能的试验研究 [C] //第十届全国结构工程学术会议论文集第Ⅱ卷，2001：132-137.

［33］ 何振强，蔡健，陈星．带约束拉杆方钢管混凝土短柱轴压性能试验研究［J］．建筑结构，2006，36（8）：5．

［34］ 蔡健，何振强．带约束拉杆方形钢管混凝土柱偏压性能［J］．建筑结构学报，2007，28（4）：11．

［35］ 蔡健，何振强．带约束拉杆方形钢管混凝土的本构关系［J］．工程力学，2008，23（10）：6．

［36］ 廖祥盛．带约束拉杆方形钢管混凝土短柱抗震性能研究［D］．广州：华南理工大学，2014．

［37］ DING F X，FANG C J，et al. Mechanical performance of stirrup-confined concrete-filled steel tubular stub columns under axial loading［J］. Journal of Constructional Steel Research，2014，98：146-157.

［38］ WANG Y Y，YANG Y L，ZHANG S M. Static behaviors of reinforcement-stiffened square concrete-filled steel tubular columns［J］. Thin-Walled Structures，2012，58（none）：18-31.

［39］ GOTO Y，MIZUNO K，KUMAR G P. Nonlinear Finite Element Analysis for Cyclic Behavior of Thin-Walled Stiffened Rectangular Steel Columns with In-Filled Concrete［J］. Journal of Structural Engineering，2012，138（5）：p. 571-584.

［40］ TAO Z，HAN L H，WANG D Y. Strength and ductility of stiffened thin-walled hollow steel structural stub columns filled with concrete［J］. Steel Construction，2008，46（10）：1113-1128.

［41］ ZHOU Z，GAN D，ZHOU X H. Improved Composite Effect of Square Concrete-Filled Steel Tubes with Diagonal Binding Ribs［J］. Journal of Structural Engineering，2019，145（10）.

［42］ DONG H Y，LI Y N，et al. Uniaxial compression performance of rectangular CFST columns with different internal construction characteristics［J］. Engineering Structures，2018.

［43］ HAN L H，YAO G H，ZHAO X L. Tests and calculations for hollow structural steel（HSS）stub columns filled with self-consolidating concrete（SCC）［J］. Journal of Constructional Steel Research，2005，61（9）：1241-1269.

［44］ LEE H J，CHOI I R，PARK H G. Eccentric Compression Strength of Rectangular Concrete-Filled Tubular Columns Using High-Strength Steel Thin Plates［J］. Journal of Structural Engineering，2016，143（5）：04016228.

［45］ YUAN F，HUANG H，CHEN M C. Effect of stiffeners on the eccentric compression behaviour of square concrete-filled steel tubular columns［J］. Thin-Walled Structures，2019，135：196-209.

［46］ GE H B，USAMI T. Strength of Concrete-Filled Thin-Walled Steel Box Columns：Experiment［J］. Journal of Structural Engineering，1992，118（11）：3036-3054.

［47］ CAI J，HE Z Q. Axial load behavior of square CFT stub column with binding bars［J］. Journal of Constructional Steel Research，2006.

[48] 陈勇，张耀春，董志君. 不同截面形式方形薄壁钢管混凝土轴压短柱的静力试验研究 [C] // 中国钢结构协会钢-混凝土组合结构分会年会. 2005.

[49] O'SHEA M D，BRIDGE R Q. Tests on Circular Thin-walled Steel Tubes Filled with Medium and High Strength Concrete [J]. Australian Civil Engineering Transactions，1998.

[50] O'SHEA M D，BRIDGE R Q. Design of Circular Thin-Walled Concrete Filled Steel Tubes [J]. Journal of Structural Engineering，2000，126 (11)：1295-1303.

[51] O'SHEA M D，BRIDGE R Q. Local buckling of thin-walled circular steel sections with or without internal restraint [J]. Journal of Constructional Steel Research，1997，41 (2/3)：137-157.

[52] 张耀春，许辉，曹宝珠. 薄壁钢管混凝土长柱轴压性能试验研究 [J]. 建筑结构，2005，35 (1)：4.

[53] 张耀春，王秋萍，毛小勇，等. 薄壁钢管混凝土短柱轴压力学性能试验研究 [J]. 建筑结构，2005，35 (1)：6.

[54] 李艳，占美森，熊进刚. 圆形薄壁钢管混凝土柱轴压性能的试验研究 [J]. 南昌大学学报：工科版，2009，31 (1)：4.

[55] DING F X，ZHU J，et al. Comparative study of stirrup-confined circular concrete-filled steel tubular stub columns under axial loading [J]. Thin Walled Structures，2018.

[56] WU B，ZHANG Q，CHEN G M. Compressive behavior of thin-walled circular steel tubular columns filled with steel stirrup-reinforced compound concrete [J]. Engineering Structures，2018，170：178-195.

[57] WU B，ZHAO X Y，ZHANG J S. Cyclic behavior of thin-walled square steel tubular columns filled with demolished concrete lumps and fresh concrete [J]. Journal of Constructional Steel Research，2012，77：69-81.

[58] WU B，ZHAO X Y，ZHANG J S，et al. Cyclic testing of thin-walled circular steel tubular columns filled with demolished concrete blocks and fresh concrete [J]. Thin-Walled Structures，2013，66：50-61.

[59] HSU H L，YU H L. Seismic performance of concrete-filled tubes with restrained plastic hinge zones [J]. Journal of Constructional Steel Research，2003，59 (5)：587-608.

[60] DING F X，LUO L，WANG L P，et al. Pseudo-static tests of terminal stirrup-confined concrete-filled rectangular steel tubular columns [J]. Journal of Constructional Steel Research，2018，144：135-152.

[61] WANG J T，SUN Q，LI J X. Experimental study on seismic behavior of high-strength circular concrete-filled thin-walled steel tubular columns [J]. Engineering Structures，2019，182：403-415.

[62] GOTO Y，EBISAWA T，LU X L. Local Buckling Restraining Behavior of Thin-Walled Circular CFT Columns under Seismic Loads [J]. Journal of Structural Engi-

neering，2014，140（5）：04013105.

[63] 中国工程建设标准化协会．矩形钢管混凝土结构技术规程：CECS 159：2004 [S].
北京：中国计划出版社，2004.

[64] SCHNEIDER S P，ALOSTAZ Y M. Experimental behavior connections to concrete-
filled steel tubes [J]．Journal of Constructional Steel Research，1998，45（3）：
321-352.

[65] QUAN C Y，et al. Cyclic behavior of stiffened joints between concrete-filled steel tu-
bular column and steel beam with narrow outer diaphragm and partial joint penetra-
tion welds [J]．Frontiers of Structural and Civil Engineering，2016，10（3）：
333-344.

[66] QIN Y，CHEN Z H，WANG X D. Elastoplastic behavior of through-diaphragm
connections to concrete-filled rectangular steel tubular columns [J]．Journal of Con-
structional Steel Research，2014，93：88-96.

[67] 日本建筑学会．冯乃谦等译．钢骨钢筋混凝土结构计算标准及解说 [M]．北京：中
国建筑工业出版社，1998.

[68] 吴思宇，赵宪忠，陈以一，等．框架梁与大直径钢管混凝土柱连接节点试验研究
[J]．钢结构，2012，27（S1）：117-122.

[69] 范重，仕帅，李振宝，等．大直径钢管混凝土柱-H 形钢梁节点设计研究 [J]．建筑
结构学报，2016，37（01）：1-12.

[70] 余勇，吕西林，田中清，等．方钢管混凝土柱与钢梁连接的拉伸试验研究 [J]．结
构工程师，1999，01：23-28.

第 2 章　薄壁方钢管混凝土柱受压性能

针对所提出的圆、八边形衬管加劲薄壁方钢管混凝土柱的轴压与偏压性能，本章设计完成 20 个受压短柱试件，参数包括钢管宽厚比、钢材强度和偏心率等。通过试验，获得加劲薄壁方钢管混凝土柱的受压破坏模式、荷载-位移关系曲线、钢管应力应变发展曲线等，分析不同加劲形式下薄壁方钢管的屈曲模态与发展机制，从刚度、承载力和延性等方面对构件受压性能进行评估。建立衬管加劲薄壁方钢管混凝土受压构件的精细化有限元模型，并对加载全过程构件的应力发展情况、核心混凝土受约束水平、钢管屈曲模态、截面内力重分布规律等方面进行细致的分析和讨论，揭示衬管加劲肋对构件力学性能的改善机理。

2.1　试验方案

2.1.1　试件设计

共进行 20 个薄壁钢管混凝土短柱试件在竖向压力作用下的试验研究，包括 6 组 12 个轴心受压试件和 8 个偏心受压试件，涵盖未加劲（SU）、内衬圆钢管加劲（SC）、内衬八边形钢管加劲（SO）三种形式。试件高度均为 720mm，截面宽度均为 240mm，变化参数为钢管宽厚比、钢材屈服强度和荷载偏心率。表 2.1 为试件的具体参数。其中，H 为试件高度；B 为截面宽度；t 为钢管壁厚；B/t_n 为名义钢管宽厚比（t_n 为钢管公称厚度）；e 为荷载偏心率；t_l 为衬管壁厚（$t_l = t$）；ρ 为截面含钢率，$\rho = (A_t + A_l)/A_c$，A_t 为方钢管截面面积，A_l 为内衬钢管截面面积，A_c 为混凝土截面面积。值得注意的是，试验所研究试件的方钢管径厚比均远高于《钢管混凝土结构技术规范》GB 50936—2014[1] 中的最大宽厚比限值（$[B/t]_{max}$），截面总含钢率小于宽厚比限值所对应的钢管含钢率（ρ_{min}），其中衬管加劲试件的总含钢率也仅为（47%~80%）ρ_{min}。试件的命名方式是根据试件主要参数确定，其中前两个字母代表试件的加劲形式，中间数字代表钢管名义宽厚比，轴压试件名中最后一个字母是为区分相同参数的不同试件，偏压试件名中最后一个数字代表荷载偏心率（$2e/B$）。以试件 SU-120-42 为例：SU 代表未加劲试件，120 代表方钢管名义宽厚比为 120，42 代表荷载偏心率为 42%。试件 SC-120L-a/b 中字母 L 代表该试件钢管强度等级为 Q235，低于其他试件的钢管强度等级。

<table>
<tr><td colspan="12" style="text-align:center">试件参数</td><td>表 2.1</td></tr>
<tr><td>编号</td><td>试件名</td><td>H
(mm)</td><td>B
(mm)</td><td>t
(mm)</td><td>B/t_n</td><td>$[B/t]_{max}$</td><td>e(mm)</td><td>加劲类型</td><td>t_l
(mm)</td><td>ρ
(%)</td><td>ρ_{min}
(%)</td></tr>
<tr><td>1</td><td>SU-120-a</td><td>720</td><td>240</td><td>1.89</td><td>120</td><td>47</td><td>0</td><td>—</td><td>1.89</td><td>3.2</td><td>9.2</td></tr>
<tr><td>2</td><td>SU-120-b</td><td>720</td><td>240</td><td>1.89</td><td>120</td><td>47</td><td>0</td><td>—</td><td>1.89</td><td>3.2</td><td>9.2</td></tr>
</table>

编号	试件名	H（mm）	B（mm）	t（mm）	B/t_n	$[B/t]_{max}$	e（mm）	加劲类型	t_l（mm）	ρ（%）	ρ_{min}（%）
3	SU-160-a	720	240	1.46	160	45	0	—	1.46	2.5	9.6
4	SU-160-b	720	240	1.46	160	45	0	—	1.46	2.5	9.6
5	SC-120-a	720	240	1.89	120	47	0	圆形	1.89	5.9	9.2
6	SC-120-b	720	240	1.89	120	47	0	圆形	1.89	5.9	9.2
7	SC-120L-a	720	240	1.97	120	56	0	圆形	1.97	6.1	7.6
8	SC-120L-b	720	240	1.97	120	56	0	圆形	1.97	6.1	7.6
9	SC-160-a	720	240	1.46	160	45	0	圆形	1.46	4.5	9.6
10	SC-160-b	720	240	1.46	160	45	0	圆形	1.46	4.5	9.6
11	SO-120-a	720	240	1.89	120	47	0	八边形	1.89	6.0	9.2
12	SO-120-b	720	240	1.89	120	47	0	八边形	1.89	6.0	9.2
13	SU-120-42	720	240	1.89	120	47	50	—	1.89	3.2	9.2
14	SU-160-42	720	240	1.46	160	45	50	—	1.46	2.5	9.6
15	SC-120-21	720	240	1.89	120	47	25	圆形	1.89	5.9	9.2
16	SC-120-42	720	240	1.89	120	47	50	圆形	1.89	5.9	9.2
17	SC-120-63	720	240	1.89	120	47	75	圆形	1.89	5.9	9.2
18	SC-160-42	720	240	1.46	160	45	50	圆形	1.46	4.5	9.6
19	SO-120-42	720	240	1.89	120	47	50	八边形	1.89	6.0	9.2
20	SO-160-42	720	240	1.46	160	45	50	八边形	1.46	4.6	9.6

图 2.1 为内衬圆管（SC）和八边形管（SO）试件的尺寸及加工示意。试件中所用到的方形钢管、圆形钢管和八边形钢管均采用薄钢板冷弯焊接加工而成，且每种钢管仅有一条纵向的对接焊缝。对于方形和八边形钢管，对接焊缝分别位于方钢管的角部和八边形钢管的斜侧面中部。加工 SC 和 SO 试件中方钢管的钢板需在下料过程中分别开 4 列和 8 列长条孔，每个孔长 30mm，宽 5mm，孔纵向净距为 40mm。内衬圆管和八边形管的截面外侧尺寸比方钢管截面内壁尺寸小 2～4mm，从而方便安装。衬管与外钢管通过在开孔处塞焊连接，且钢管上下表面均通过打磨保证平整度，进而保证衬管与外钢管高度一致。浇筑混凝土前，将一块 16mm 厚的端板焊接于试件底部；混凝土硬化后，用高强砂浆对试件上表面进行找平，并焊接顶部端板。此外，试件端部采用加劲肋进行加强，以防止柱端钢管先于中部钢管发生局部屈曲。对于未加劲（SU）试件，除钢管不需开孔外，其余加工过程与衬管加劲试件基本一致。

2.1.2　材料性能

本次试验共采用三种型号的钢板，包括名义厚度为 1.5mm 的 Q355 钢板和名义厚度为 2.0mm 的 Q235 和 Q355 钢板。根据《钢及钢产品　力学性能试验取样位置及试样制备》GB/T 2975—2018[5] 制备三种类型钢板的拉伸试件，并按照《金属材料　拉伸试验　第 1 部分：室温试验方法》GB/T 228.1—2010[6] 中的相关规定进行拉伸试验，所得到的钢材

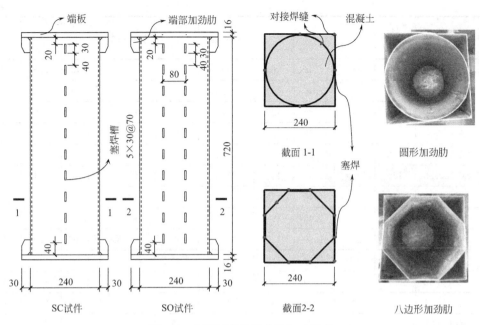

图 2.1　方形试件的尺寸及加工示意

材料性能指标见表2.2。

钢材材料性能指标　　　　　　　　　　　　　　　　　　　　　　表 2.2

钢板类别	公称厚度 （mm）	实测厚度 （mm）	屈服强度 （MPa）	抗拉强度 （MPa）	弹性模量 （$\times 10^2$GPa）
Q345 钢板(1.5mm)	1.5	1.46	424.7	556.1	2.16
Q345 钢板(2.0mm)	2.0	1.89	389.0	520.7	1.74
Q235 钢板(2.0mm)	2.0	1.97	271.9	361.4	1.67

　　所有试件均采用C50细石商品混凝土，在浇筑试件的同时浇筑多组 150mm×150mm×150mm 的标准混凝土试块。混凝土试块与试件同条件养护，并依据《混凝土物理力学性能试验方法标准》GB/T 50081—2019[2] 进行抗压强度的测试，测试根据轴压和偏压试验的时间先后分为两批次进行。表 2.3 为基于材性试验得到的混凝土性能指标，其中轴心抗压强度平均值 f'_{cm} 采用 CEB-FIP model code 1990（MC90）[3] 对实测混凝土立方体抗压强度平均值 $f_{cu,m}$ 进行换算，弹性模量采用美国 ACI 规范[4] 公式 $E_c = 4700\sqrt{f'_{cm}}$ 进行计算。

混凝土性能指标　　　　　　　　　　　　　　　　　　　　　　　　表 2.3

试件形式	$f_{cu,m}$(MPa)	f'_{cm}(MPa)	E_c(MPa)
轴压试件	44.7	36.5	28395
偏压试件	48.3	39.2	29427

2.1.3　加载与测量装置

　　试验在重庆大学结构实验室 5000kN 电液伺服液压试验机进行静力加载，试验装置见

图 2.2。轴心受压试件的上下端板与试验机加载板直接接触，其所施加的荷载由压力机自带力传感系统记录，竖向位移通过四个固定于试件上下端板间的竖向位移计 LVDT 测量。偏心受压试件采用由刀铰板和 V 形垫板组成的铰接连接系统与试验机加载板连接，并通过三个沿高度布置的水平横向 LVDT 测量试件的侧向变形。为监测加载过程中钢管纵向和横向应变的发展情况，在各试件的跨中截面布置多组相互垂直的应变片。

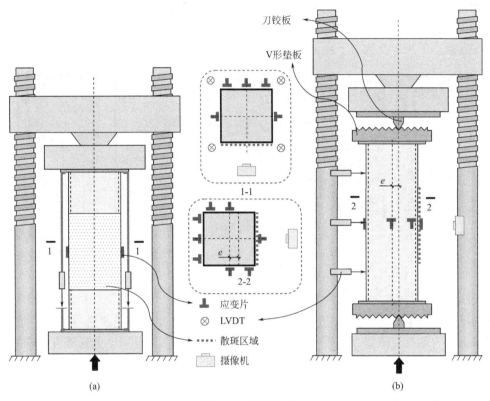

图 2.2　试验装置

（a）轴心加载；（b）偏心加载

　　数字图像相关（DIC）方法是根据被测试件表面随机分布的散斑的光强在变形前后的概率统计的相关性来确定试件表面位移和应变。本次试验采用 2D-DIC 分析软件 GOM Correlate 2018 进行分析，考察拍摄区域内各点的位移情况。创建小平面尺寸为 19×19 像素，中心点距离为 16 像素，拍摄区域为柱中位置 240mm×360mm。散斑制作采用改进的喷漆法，用黑白漆交替 3 次喷涂，喷漆时，试件水平放置，确保油漆可以均匀地散落在试件表面。

2.2　轴压试验结果分析

2.2.1　试验现象及破坏模式

　　薄壁钢管混凝土轴压短柱试件的破坏一般始于外钢管的局部屈曲。本试验通过平面 DIC 技术所绘制的钢管纵向位移场来监测钢管的局部屈曲，试件的初始屈曲荷载由 DIC 图像中第一个灰度点所对应的荷载进行估计。如图 2.3 所示,以试件 SC-120L-a 为例对 DIC 观测结果进行讨论与分析。在加载初期,钢管 DIC 观测区纵向位移场分布较为均匀,试件未见明显鼓曲。达到峰值荷载 N_u 的 85% 时,DIC 观测区左上角出现小区域灰色斑点,GOM 软件已无法识别此区域的位移变化,说明此处开始出现局部屈曲。达到峰值荷载时,观测区上部边缘灰色斑点演变成横跨整个横截面的灰色条带,说明钢管第一个局部屈曲形成;同时 DIC 观测区下部左侧位移分布小于右侧位移分布,表明该区域钢管存在微鼓曲。当荷载下降至 85%N_u 时,观测区中部出现小区域灰色斑点,并随着试件承载能力的降低而进一步横向扩展。承载力下降至 70%N_u 时,中部区域形成明显的局部屈曲。

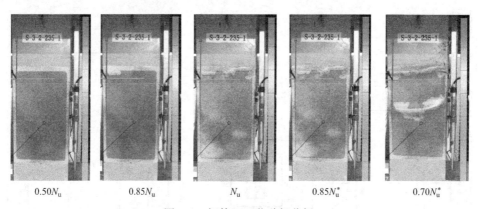

| 0.50N_u | 0.85N_u | N_u | 0.85N_u^* | 0.70N_u^* |

图 2.3　钢管 DIC 位移场分析

注:0.85N_u^*、0.70N_u^* 分别表示轴向承载力降至最大荷载的 85% 和 70%。

表 2.4 汇总了所有试件的初始屈曲荷载与典型破坏特征,可见圆形/八边形衬管加劲肋可从两个方面改变薄壁方钢管混凝土短柱的屈曲模式:①一定程度上延缓方钢管的初始局部屈曲;②增加方钢管的屈曲数量,减小屈曲间距,改善屈曲模态。

破坏特征 表 2.4

试件编号	屈曲荷载	各侧面屈曲数 n_b	开裂位置	破坏荷载
SU-120-a	0.77N_u	1~2	—	—
SU-120-b	0.58N_u	2~3	纵向焊缝	N_u
SU-160-a	0.69N_u	2~3	—	—
SU-160-b	0.76N_u	2~3	—	—
SC-120-a	0.87N_u	3~5	纵向焊缝和塞焊缝	N_u
SC-120-b	0.81N_u	4~5	纵向焊缝和塞焊缝	0.85N_u^*
SC-120L-a	0.81N_u	4~5	—	—
SC-120L-b	0.91N_u	3~5	纵向焊缝	N_u
SC-160-a	0.37N_u	3~6	纵向焊缝	0.85N_u^*
SC-160-b	0.65N_u	4~5	—	—
SO-120-a	0.85N_u	3~6	钢管角部	N_u
SO-120-b	0.94N_u	3~5	钢管角部	N_u

由于初始尺寸偏差或焊接缺陷，个别设置衬管加劲肋试件比未加劲试件更早发生屈曲，如试件 SC-160-a 在相对较小的荷载（$0.37N_u$）下出现了初始屈曲。然而，这种因初始缺陷引起的早期屈曲并未继续发展成主要屈曲，也没有改变方钢管的极限屈曲模式。与衬管加劲试件不同，非加劲试件的初始屈曲一般会继续发展成为钢管的最终主要屈曲。

图 2.4 为典型试件的最终破坏形态，可见薄壁钢管混凝土轴压短柱的破坏耦合了钢管局部屈曲、混凝土压溃和钢管及焊缝的断裂。与未加劲试件相比，衬管加劲试件的钢管屈曲更为均匀，横向膨胀更为显著，且核心混凝土存在剪切变形趋势，方钢管与内衬管间的混凝土被压碎并与衬管分离。极限状态下，内衬圆/八边形钢管也发生了明显的局部屈曲，但屈曲程度比方钢管弱。考虑到内外钢管屈曲特性，衬管加劲薄壁钢管混凝土柱在竖向压力作用下将经历钢管的分步屈曲过程。如图 2.5 所示，外侧方钢管先于内衬钢管屈曲，且屈曲模态受到塞焊点的限制；随着荷载的增大，方钢管屈曲波数增加；峰值荷载附近，内部衬管也发生局部屈曲，其约束效应降低。这种内外钢管的分步屈曲模式具有以下两点优势：①有助于提高该类组合柱在地震作用下的变形能力和耗能能力；②使得圆形/八边形衬管加劲薄壁方钢管混凝土柱对初始缺陷和过早的初始屈曲不敏感。

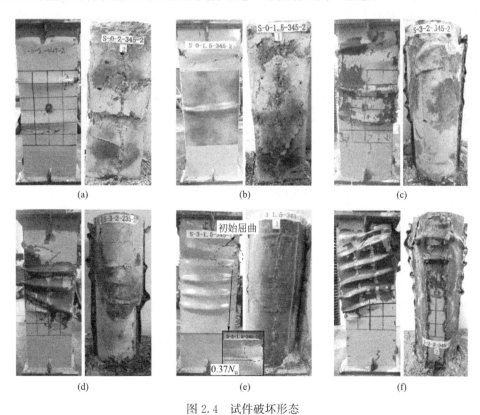

图 2.4 试件破坏形态

(a) SU-120-b；(b) SU-160-b；(c) SC-120-b；(d) SC-120L-b；(e) SC-160-a；(f) SO-120-a

钢管和焊缝的断裂是轴压试件的另一个典型破坏特征。相比于未加劲试件，衬管加劲的薄壁方钢管混凝土试件更容易出现钢材或焊缝的断裂，主要原因是加劲试件的峰值与极限压缩应变更大，进而使得钢管的最终屈曲更严重（图 2.6 和表 2.4）。圆形衬管加劲试件的断裂主要发生在方钢管角部的纵向焊缝，而八边形衬管加劲试件的断裂主要发生在无纵

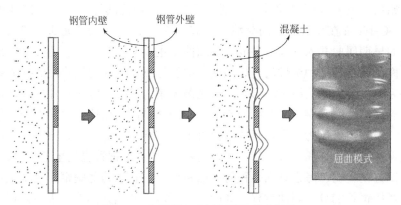

图 2.5　方钢管与内衬钢管的分步屈曲

向焊缝的方钢管角部。虽然在峰值荷载时，多数试件被观测到发生了初始钢材断裂；但由于圆形或八边形衬管的约束作用，初始断裂并没有引起加劲试件承载力的快速下降。此外，只有两个试件在加载后期阶段出现了塞焊点钢管局部断裂，说明塞焊引起的缺陷对试件的轴压性能影响不大。

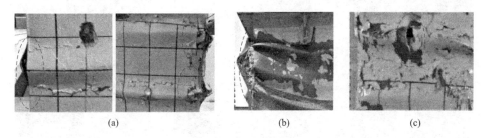

$\qquad$（a）$\qquad\qquad\qquad\qquad$（b）$\qquad\qquad\qquad\qquad$（c）

图 2.6　钢柱的开裂

（a）纵向焊缝；（b）柱角；（c）塞焊孔

2.2.2　荷载-竖向变形曲线

图 2.7 对比了各试件的荷载-竖向变形曲线。结果表明，圆形/八边形衬管能有效改善薄壁方钢管混凝土短柱的轴压性能，使其具有更大的轴压刚度、更高的截面承载力和更好的延性及变形能力。此外，随着 B/t 和钢管屈服强度的降低，试件的抗压强度和延性提高。

表 2.5 为基于荷载-竖向变形曲线计算得到的轴压力学性能指标，其中 K 为通过荷载与平均轴向应变（ε_l，$\varepsilon_l = \delta/H$）所确定的弹性阶段实测轴压刚度；N_u 和 ε_u 分别为实测峰值荷载及其对应的峰值平均轴向应变；K_0 是根据公式（2-1）计算得到的名义轴向刚度；N_n 是根据公式（2-2）计算得到的名义极限承载力；刚度系数（KI）是 K 与 K_0 的比值；强度提高系数（SI）是 N_u 与 N_n 的比值；延性系数（DI）由公式（2-3）计算得到[7]。计算各试件性能指标，相同参数试件取平均值，绘制直方图，如图 2.8 所示。

$$K_0 = (A_t + A_l)E_s + A_c E_c \tag{2-1}$$

$$N_n = (A_t + A_l)f_y + A_c f_c \tag{2-2}$$

$$\mathrm{DI} = \frac{\varepsilon_{85\%}}{\varepsilon_y} \tag{2-3}$$

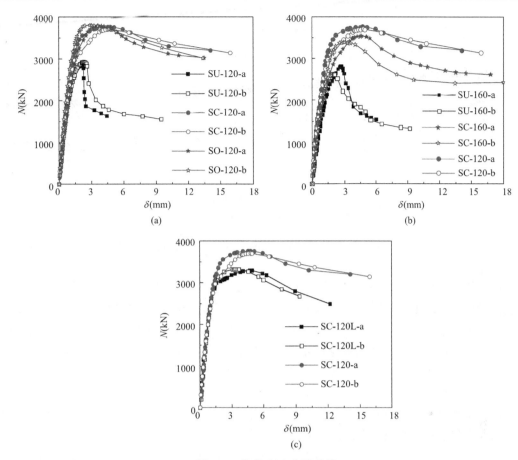

图 2.7　荷载-竖向变形曲线

（a）第一组；（b）第二组；（c）第三组

力学性能　　　　　　　　　　　　　　　　表 2.5

试件	ρ (%)	$K(10^6\text{kN})$		K_0 (10^6kN)	KI	N_u(kN)		N_n(kN)	SI	$\varepsilon_u(10^{-6})$		DI	
		/	平均值			/	平均值			/	平均值	/	平均值
SU-120-a	3.2	1.88	1.82	1.91	0.95	2855.4	2891.6	2736.9	1.06	2799	3003	1.93	1.95
SU-120-b	3.2	1.75				2927.7				3206		1.96	
SU-160-a	2.5	1.20	1.50	1.91	0.79	2809.0	2716.5	2643.2	1.03	3742	3282	1.69	2.15
SU-160-b	2.5	1.81				2624.0				2821		2.60	
SC-120-a	5.9	2.28	2.02	2.11	0.96	3763.8	3734.5	3227.2	1.16	6619	6849	8.21	7.53
SC-120-b	5.9	1.76				3705.2				7078		6.85	
SC-120L-a	6.1	1.89	1.88	2.11	0.89	3294.4	3307.3	2885.1	1.15	6534	5614	5.82	5.60
SC-120L-b	6.1	1.88				3320.1				4693		5.38	
SC-160-a	4.5	1.46	1.55	2.11	0.73	3540.4	3467.7	3062.8	1.13	6457	5266	3.54	3.49
SC-160-b	4.5	1.63				3395.0				4075		3.44	
SO-120-a	6.0	1.47	1.85	2.12	0.87	3795.4	3798.7	3251.6	1.17	5052	4545	4.25	5.70
SO-120-b	6.0	2.22				3802.0				4037		7.15	

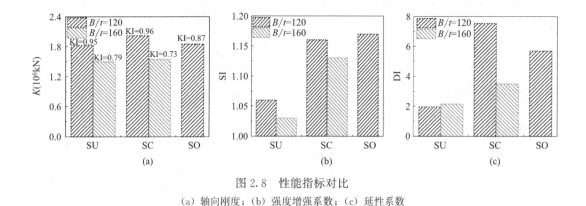

图 2.8　性能指标对比

（a）轴向刚度；（b）强度增强系数；（c）延性系数

由表 2.5 和图 2.8，对不同参数试件的轴向刚度、截面承载力、延性讨论与分析如下。

（1）轴向刚度

由于钢管初始缺陷及初始屈曲等因素，钢管宽厚比为 120 和 160 的试件轴压刚度分别比名义轴向刚度降低了 5% 和 20% 以上。圆形/八边形衬管增加了试件的含钢率，因此提高了薄壁钢管混凝土柱的初始刚度，但不会提高试件的刚度系数 KI。值得注意的是，在相同参数的两组试件中，轴压刚度亦可能存在显著差异（超过 30%），说明轴压刚度对初始缺陷和薄壁钢管局部屈曲较为敏感。

（2）截面承载力

尽管所测试钢管的宽厚比 B/t 超出了规范限值，但两组未加劲薄壁钢管混凝土试件的实测承载力仍能达到截面参数所确定的名义承载力，其原因可能是钢管约束引起的强度提高效应可有效补偿薄壁钢管局部屈曲引起的强度削弱效应。圆形/八边形衬管加劲肋均能有效提高薄壁方钢管混凝土柱的轴压承载力，以总含钢率为 4.5% 的 SC-160 组试件为例，其平均承载力比名义承载力高出 13%。对于圆衬管加劲试件，当钢材强度等级从 S355 降低到 S235 时，试件的轴压承载力降低约 10%，但强度增强系数 SI 的变化不明显。

（3）延性

圆形/八边形衬管加劲肋在改善薄壁方钢管混凝土轴压短柱延性和变形能力方面作用显著。SC-120 组试件的平均峰值轴向应变是 SU-120 组试件的 2 倍以上，前者的延性系数是后者的近 4 倍。当圆衬管加劲试件的钢管壁厚由 2.0mm 减小到 1.5mm，试件的延性系数降低约 50%。与八边形衬管相比，圆形衬管的约束能力更强，能有效提高核心混凝土的延性。此外，与已有设置常规纵向或横向加劲肋的试验结果相比[8-13]，所提出的圆形/八边形钢衬管加劲肋方案在改善薄壁方钢管混凝土构件延性方面同样具有明显优势。

2.2.3　钢管应变与应力发展

图 2.9 为基于应变片数据绘制的典型钢管应变（ε_{st}＝横向应变，ε_{sl}＝纵向应变）与平均轴向应变 ε_l（ε_l＝δ/H）关系曲线。在初始加载阶段，钢管纵向应变与平均轴向应变近似呈同步线性增长，ε_{st} 与 ε_{sl} 的比值近似为泊松比。由于应变片仅可检测钢管外表面特定位置的应变发展状况，因此测量数据易受到诸如钢管初始缺陷和局部屈曲等因素的影响。发生在测点处的钢管局部屈曲对应变曲线的斜率有一定的影响，且未加劲试件的刚度突变

比采用衬管加劲试件更显著。衬管的加强效应会在一定程度上提高方钢管峰值荷载下的纵向和横向应变。与钢管边中部相比，钢管角部的纵向和横向应变发展更加充分，尤其是在荷载达到峰值荷载之后。因此，钢管角部是钢管用于承受轴向荷载并提供约束效应的关键区域。

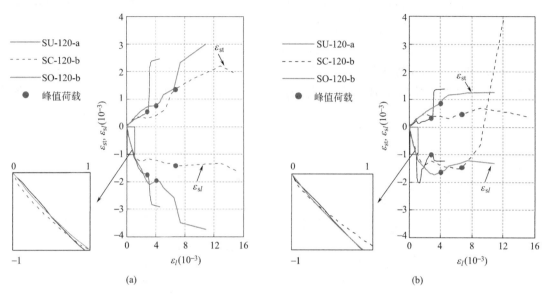

图 2.9　钢管应变与平均轴向应变关系曲线

（a）截面角部应变；（b）截面两侧中部应变

　　基于钢管应变数据，对钢管应力发展进行分析。应力计算采用以下 3 点假定：①钢材为理想弹塑性材料；②钢管环向应力沿壁厚方向均匀分布；③钢管内应力处于平面应力状态。

　　在弹性阶段（$\sigma_{sz}=\sqrt{\sigma_{sv}^2+\sigma_{sh}^2-\sigma_{sv}\sigma_{sh}}<f_{ty}$），钢材的应力-应变关系符合胡克定律[14]，即：

$$\begin{bmatrix}\sigma_{sh}\\\sigma_{sv}\end{bmatrix}=\frac{E_s}{1-v_s^2}\begin{bmatrix}1&v_s\\v_s&1\end{bmatrix}\begin{bmatrix}\varepsilon_{sh}\\\varepsilon_{sv}\end{bmatrix} \tag{2-4}$$

式中　σ_{sh}、σ_{sv}——横向、纵向钢管应力；

　　　　ε_{sh}、ε_{sv}——横向、纵向钢管应变；

　　　　v_s——钢材泊松比。

　　在塑性阶段（$\sigma_{sz}=\sqrt{\sigma_{sv}^2+\sigma_{sh}^2-\sigma_{sv}\sigma_{sh}}\geqslant f_{ty}$），可根据前一时间步应力状态和应变增量，采用 Prandtl-Reuss 模型[15] 计算当前应力增量，进而得到钢材当前应力状态：

$$\begin{bmatrix}\mathrm{d}\sigma_{sh}\\\mathrm{d}\sigma_{sv}\end{bmatrix}=\left\{\frac{E_s}{1-v_s^2}\begin{bmatrix}1&v_s\\v_s&1\end{bmatrix}-\frac{1}{s}\begin{bmatrix}t_h^2&t_ht_v\\t_ht_v&t_v^2\end{bmatrix}\right\}\begin{bmatrix}\mathrm{d}\varepsilon_{sh}\\\mathrm{d}\varepsilon_{sv}\end{bmatrix} \tag{2-5}$$

$$\begin{bmatrix}t_h\\t_v\end{bmatrix}=\frac{E_s}{1-v_s^2}\begin{bmatrix}1&v_s\\v_s&1\end{bmatrix}\begin{bmatrix}s_h\\s_v\end{bmatrix} \tag{2-6}$$

$$s=t_hs_h+t_vs_v \tag{2-7}$$

$$s_{h} = \sigma_{sh} - \frac{1}{3}(\sigma_{sh} + \sigma_{sv}) \qquad (2-8)$$

$$s_{v} = \sigma_{sv} - \frac{1}{3}(\sigma_{sh} + \sigma_{sv}) \qquad (2-9)$$

式中　　$d\sigma_{sh}$、$d\sigma_{sv}$——横向、纵向钢管应力增量；

　　　　$d\varepsilon_{sh}$、$d\varepsilon_{sv}$——横向、纵向钢管应变增量；

　　　　s_{h}、s_{v}——横向、纵向钢管偏应力。

利用上述应力分析方法计算钢管各测点的环向应力 σ_{h}，纵向应力 σ_{v} 和折算应力 σ_{z}，对称位置测点的应力取平均值。典型试件的钢管应力-荷载关系曲线见图 2.10。对于未加

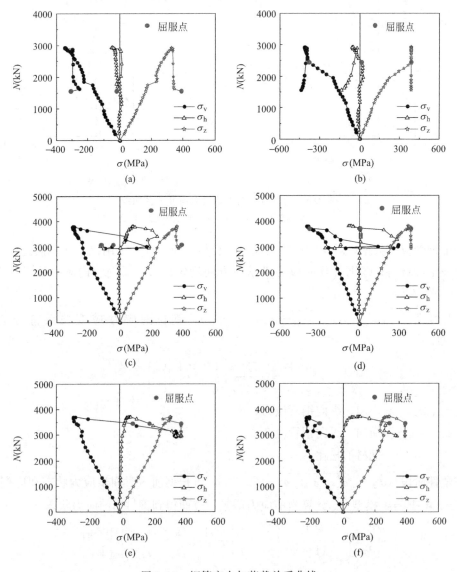

图 2.10　钢管应力与荷载关系曲线

(a) SU-120-b 中部；(b) SU-120-b 角部；(c) SO-120-b 中部；(d) SO-120-b 角部；

(e) SC-120-b 中部；(f) SC-120-b 角部

劲试件（以 SU-120-b 为例），由于薄壁钢管平面外刚度很弱，导致环向应力较小，约束作用不足；钢管纵向应力作用下容易发生向外的局部屈曲，造成钢管有效受力面积减小，纵向应力在峰值荷载后下降明显。对于衬管加劲试件，以试件 SO-120-b 和 SC-120-b 为例分析，加载初期，钢管纵向应力随荷载增加较快，环向应力变化不大，此时钢管主要承受纵向荷载，对混凝土约束作用微小。当轴压荷载接近峰值荷载时，钢管纵向应力临近最大值，此后钢管纵向应力开始退化，而环向应力开始增大，从而对混凝土产生有效的约束作用。

2.3　偏压试验结果分析

2.3.1　试验现象及破坏模式

以试件 SC-120-21 为例，对 DIC 观测结果进行与分析，见图 2.11。加载至 $54\%N_u$，DIC 观测区内钢管纵向位移场分布较为均匀，未见明显鼓曲现象；至 $75\%N_u$ 时，观测区右上方纵向位移增长明显，是潜在屈曲发生位置；当试件达到 N_u 时，柱上四分点处钢管发生明显局部屈曲，且 DIC 观测区内中部和右下角出现小区域圆状灰色斑点，即此处位移变化超出 GOM 软件识别范围，说明此处逐渐形成新的局部屈曲；荷载下降至 $90\%N_u$ 时，DIC 观测区又增加数个小区域圆状灰色斑点，呈横向排列，说明另外两处局部屈曲已逐渐形成；当荷载下降至 $80\%N_u$ 时，各灰色斑点面积进一步扩展并连接成片，形成明显可见的局部屈曲，且屈曲波峰间距小于截面边长。

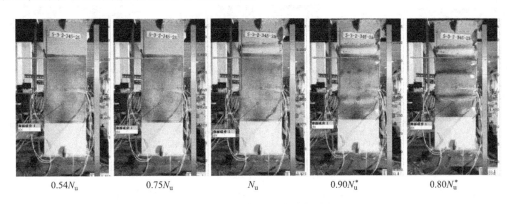

| $0.54N_u$ | $0.75N_u$ | N_u | $0.90N_u^*$ | $0.80N_u^*$ |

图 2.11　钢管 DIC 位移场分析

图 2.12 为偏心加载试件的典型破坏模式。为便于描述，约定偏心荷载所在的一侧为受压侧，其对侧为受拉侧。未加劲试件和加劲试件的主要试验现象与破坏过程如下：

（1）未加劲薄壁方钢管混凝土试件

未加劲试件钢管的初始屈曲出现在峰值荷载的 $90\%\sim95\%$ 处，且位于距顶部端板约四分之一柱高处。随着轴向荷载的增加，屈曲迅速从受压面向两侧面发展。当接近峰值荷载时，可以清楚地听到混凝土压碎和钢板鼓曲的声音。极限状态下，钢管受压表面形成两个局部屈曲，其中初始局部屈曲所在截面的破坏更为严重。试验结束后，将钢管剖开，可见混凝土在钢管屈曲位置轻微的压溃与破坏截面受拉侧的横向裂缝。

（2）圆形/八边形衬管加劲薄壁方钢管混凝土试件

与未加劲试件类似，衬管加劲试件外钢管的初始屈曲同样位于距顶部端板约四分之一柱高处；但其初始局部屈曲（相对于峰值荷载）出现更早，圆形和八边形衬管加劲试件分别对应于（60%～85%）N_u 和（85%～90%）N_u。弹塑性阶段，柱中范围方钢管出现更多屈曲，表现为多波屈曲模态。除 SC-120-63 试件发生顶部端板与方钢管间的角焊缝断裂失效外，其余试件均以弯曲破坏模式失效，且柱中截面附近的弯曲曲率较大。两个钢管宽厚比 $B/t=160$ 的加劲偏压试件均出现受拉侧钢管的横向拉伸断裂，且断裂始于塞焊位置；在试件 SC-120-42 中也观测到类似的拉伸断裂，但断裂始于钢管边缘并向中部发展。剖开钢管后可见夹层空腔中的混凝土从衬管上剥落，且内衬管受压侧存在局部屈曲的现象，但仍对核心混凝土提供了有效的约束和保护作用。核心混凝土发生了明显的弯曲变形，仅受压侧局部被压溃，而受拉侧分布有横向裂缝。

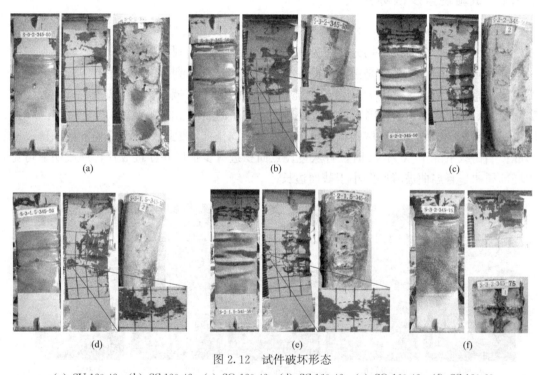

图 2.12　试件破坏形态

(a) SU-120-42；(b) SC-120-42；(c) SO-120-42；(d) SC-160-42；(e) SO-160-42；(f) SC-120-63

图 2.13 为典型偏压短柱试件在不同荷载等级下不同水平位移测点得到的试件侧向挠度沿柱高分布图。图中横坐标为加载过程中试件不同位置处的挠度（v），纵坐标为试件上各点到柱底的高度（L），n 为考察荷载（N）与峰值荷载（N_u）的比值。在整个变形过程中，从加载初期到 $50\%N_u$ 之前，试件侧向挠度曲线增长微小。随着荷载继续增加，各测点截面的侧向挠度持续增长，且极限荷载后侧向挠度的增长迅速提高。未加劲试件的侧向挠度最大位置出现在柱上部位移测点处，衬管加劲试件的侧向挠度最大位置一般出现在柱中部位移测点处。衬管加劲肋可显著增大试件在达到 $90\%N_u$ 之后各荷载等级下的最大挠度，有效地改善了试件的延性。由于所测试件属于短柱，且柱头加强不足，较大偏心荷载作用下的加劲试件（SC-120-63）发生靠近柱端部的破坏，因此其侧向挠度分布曲线对

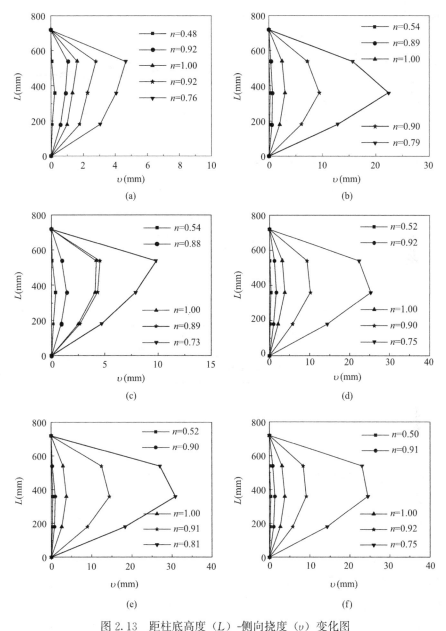

图 2.13　距柱底高度（L）-侧向挠度（υ）变化图

（a）SU-120-42；（b）SC-120-21；（c）SC-120-63；（d）SC-160-42；（e）SO-120-42；（f）SO-160-42

称性较差；而偏心距较小的 SC-120-21 试件在柱高中部截面发生弯曲破坏，其侧向挠度分布曲线的对称性最好，近似于正弦半波形曲线。

2.3.2　荷载-柱中横向变形曲线

图 2.14 为偏压短柱试件的荷载-柱中横向变形曲线。与轴心受压试件相似，在偏心荷载作用下，圆形/八边形衬管加劲的薄壁方钢管混凝土短柱有着更大的刚度、更高的截面承载力和更好的延性及变形能力。加劲试件 N-υ 曲线的弹塑性阶段发展更为充分，且荷载

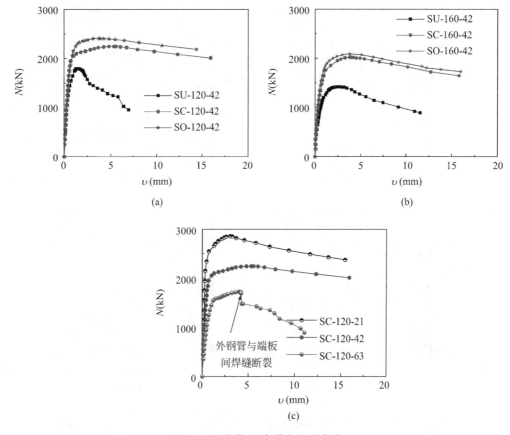

图 2.14　荷载-柱中横向变形曲线

下降阶段较为平缓。需说明的是，由于试件 SC-120-63 钢管和顶部端板之间的焊缝过早断裂，出现轴向荷载突然下降现象。

由图 2.15 对不同参数试件的峰值荷载、柱中峰值点位移讨论与分析如下：

（1）峰值荷载

随着荷载偏心率的增大，试件承载力近似呈线性下降。对比偏心率为 42％的试件，采用圆形和八边形衬管，承载力分别提高 34％和 41％。由于八边形钢管截面面积更大，SO 试件的偏心承载力略高于 SC 试件。方钢管和内衬管的公称壁厚从 2.0mm 减小到 1.5mm（B/t 从 120 增大到 160），偏心率为 42％的 SU、SC 和 SO 试件的轴向承载力分别降低了 21％、10％和 13％，表明采用圆形/八边形衬管可以减少因钢管宽厚比增大引起的强度退化。

（2）柱中峰值点位移

峰值点位移 δ_u 随着偏心率增大而增加，但 SC-120-63 试件的焊缝过早断裂，其 δ_u 值小于预期。对比偏心率为 42％的试件，采用圆形和八边形衬管，峰值点位移分别为未加劲试件的 2.5 和 2.0 倍。SC 试件的柱中峰值点位移稍大于 SO 试件，说明其变形能力更好。在本试验参数范围内，宽厚比对柱中峰值点位移的影响规律不明显。

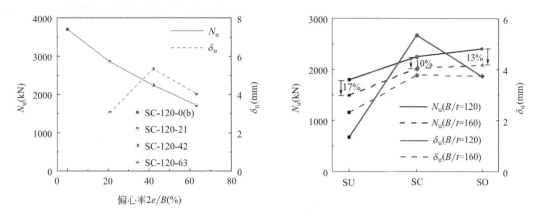

图 2.15　性能指标对比

2.3.3　钢管应变与应力发展

图 2.16 为典型偏压试件的受压侧钢管应变（ε_{st}＝横向应变、ε_{sl}＝纵向应变）与平均轴向应变 ε_l（$\varepsilon_l＝\delta/H$）的关系曲线。在初始加载阶段，钢管应变与平均轴向应变近似呈线性同步增长趋势，ε_{st} 与 ε_{sl} 的比值近似为钢材泊松比。接近峰值荷载时，曲线斜率发生较大的变化，说明钢管发生较大程度的屈曲。对比发现，衬管加劲试件在加载后期受压侧钢管的纵向和横向应变发展更为充分，具有更强约束效应和变形能力。相比于受压侧中部钢管，角部钢管角更快进入塑性且应变水平更高，对构件承载力的贡献显著。

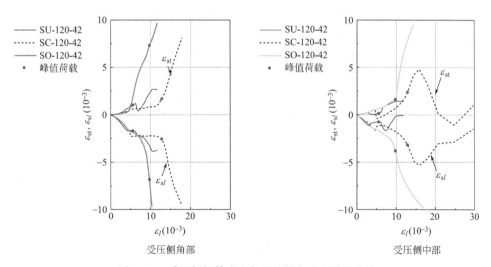

图 2.16　受压侧钢管应变与平均轴向应变关系曲线

图 2.17～图 2.19 为方形偏压短柱典型试件各测点的荷载-钢管应力关系曲线。在加载初期，未加劲试件处于弹性阶段，钢管受压侧中纵向应力和环向应力均为压应力，且与荷载同步增长。钢管受拉侧纵向为拉应力，环向应力接近零轴。进入弹塑性阶段，钢管受压侧纵向应力和环向应力增长速度减缓，甚至为负增长。由于局部屈曲会使其周围产生较大的变形，若测点位于屈曲发生位置，钢管应力将会出现一定程度的突变。峰值荷载时，

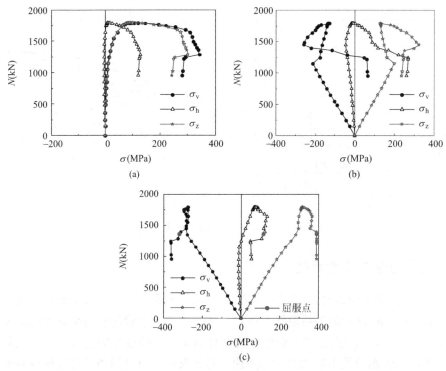

图 2.17 SU-120-42 试件各测点荷载-应力关系曲线

（a）受拉侧中部；（b）受压侧中部；（c）受压侧角部

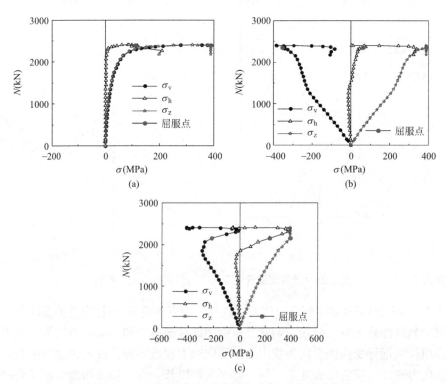

图 2.18 SO-120-42 试件各测点荷载-应力关系曲线

（a）受拉侧中部；（b）受压侧中部；（c）受压侧角部

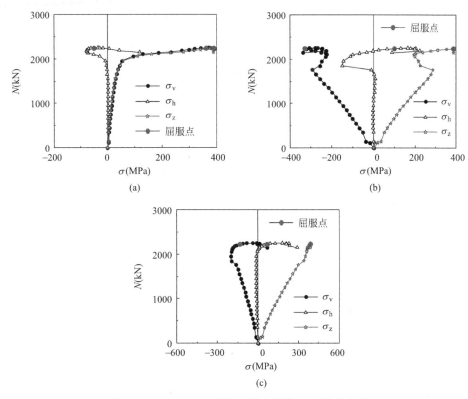

图 2.19　SC-120-42 试件各测点荷载-应力关系曲线
(a) 受拉侧中部；(b) 受压侧中部；(c) 受压侧角部

外钢管并未屈服。峰值荷载后，受拉侧中部纵向、环向拉应力和受压侧中部环向拉应力均快速增长，但增长程度不同。对于圆形/八边形衬管加劲试件，在加载初期应力变化与未加劲试件相同。进入弹塑性阶段，纵向应力增速较慢，环向应力跨越零轴变为拉力；峰值荷载附近钢管达到屈服。受拉侧中部，钢管以纵向拉应力为主，环向应力很小，曲线比较平滑，峰值荷载附近荷载变化缓慢，环向应力持续增加，直至钢管屈服。

2.4　有限元分析

2.4.1　材料本构模型

（1）混凝土

钢管混凝土柱在实际受力时，由于钢管的约束作用，核心混凝土的强度和变形能力会有所增加。在应力-应变曲线上表现为：峰值应力及其对应的应变增加，以及曲线下降段变缓。有限元模拟时，需合理考虑钢管对混凝土的约束作用，韩林海[16] 提出的核心混凝土本构模型对 ABAQUS 有限元模拟具有很好的适用性，本章采用该本构进行材料属性计算。

混凝土受压应力-应变关系表达式：

$$y = \begin{cases} 2x - x^2 & (x \leqslant 1) \\ \dfrac{x}{\beta_0 (x-1)^\eta + x} & (x > 1) \end{cases} \tag{2-10}$$

$$\varepsilon_0 = \varepsilon_c + 800\xi^{0.2} \times 10^{-6} \tag{2-11}$$

$$\varepsilon_c = (1300 + 12.5 f'_{cm}) \times 10^{-6} \tag{2-12}$$

$$\xi = \frac{A_s f_y}{A_c f'_{cm}} = \alpha \frac{f_y}{f'_{cm}} \tag{2-13}$$

$$\eta = \begin{cases} 2 & \text{圆钢管混凝土} \\ 1.6 + 1.5/x & \text{方钢管混凝土} \end{cases} \tag{2-14}$$

$$\beta_0 = \begin{cases} (2.36 \times 10^{-5})^{[0.25 + (\varepsilon - 0.5)^7]} (f'_{cm})^{0.5} \times 0.5 \geqslant 0.12 & \text{圆钢管混凝土} \\ \dfrac{(f'_{cm})^{0.1}}{1.2\sqrt{1+\xi}} & \text{方钢管混凝土} \end{cases} \tag{2-15}$$

式中：$x = \dfrac{\varepsilon}{\varepsilon_0}$；$y = \dfrac{\sigma}{\sigma_0}$

A_s——钢管横截面面积；

A_c——核心混凝土横截面面积；

$\alpha = \dfrac{A_s}{A_c}$——钢管混凝土截面含钢率；

f_y——钢管与加劲肋的屈服强度；

f'_{cm}——混凝土圆柱体轴心抗压强度平均值（根据 CEB-FIP model code 1990（MC90）对混凝土立方体抗压强度进行转换得到）；

σ_0——混凝土峰值应力。

混凝土受拉应力-应变关系采用线性模型：

$$\sigma = \begin{cases} E_c \varepsilon & \varepsilon \leqslant \varepsilon_{cr} \\ f_{ct}\left(\dfrac{\varepsilon - \varepsilon_{tu}}{\varepsilon_{cr} - \varepsilon_{tu}}\right) & \varepsilon_{cr} \leqslant \varepsilon \leqslant \varepsilon_{tu} \\ 0 & \varepsilon > \varepsilon_{cu} \end{cases} \tag{2-16}$$

式中：E_c——混凝土弹性模量 $E_c = 4700\sqrt{f'_{cm}}$；

ε_{cr}——混凝土抗拉峰值应变 $\varepsilon_{cr} = f_{ct}/E_c$；

f_{ct}——混凝土抗拉强度；

ε_{tu}——混凝土极限拉应变，超过极限应变时混凝土抗拉强度降至 0；

μ_c——混凝土泊松比。

（2）钢材本构

钢材（包括钢管和加劲肋）均采用理想弹塑性模型，其屈服条件满足 von Mises 屈服准则，应力-应变关系如下：

$$\sigma_s = \begin{cases} E_s \varepsilon & \varepsilon \leqslant \varepsilon_y \\ f_y & \varepsilon \geqslant \varepsilon_y \end{cases} \tag{2-17}$$

式中：f_y——钢材屈服强度；

E_s——钢材弹性模量；

ε_y——钢材屈服应变 $\varepsilon_y = f_y / E_s$。

2.4.2 有限元模型的建立

（1）材料属性

本章进行轴压短柱有限元模拟时，材料包括混凝土和钢材。混凝土采用 ABAQUS 材料库中的混凝土塑性损伤模型（Concrete Damaged Plasticity Model）[17]，该模型能够考虑静水压力下混凝土的强度提高，且对混凝土开裂和压碎失效的脆性性质模拟较好。但模型中强化/软化法则、流动法则和破坏变量等塑性参数与混凝土静水压力（约束应力）不相关，导致模型在混凝土刚度退化和应变软化等方面模拟效果不理想[18]。对于该问题常采用的解决办法是在模型的塑性应力-应变关系中考虑混凝土的塑性变形性能[16,19]。有限元分析中，不考虑混凝土因侧向约束而引起的强度提高作用，仅考虑约束作用对混凝土塑性性能的影响，故选择 2.4.1 节建议的本构模型，并取 $\sigma_0 = f'_{cm}$。

对未加劲构件，混凝土本构中 η 和 β_0 按方钢管混凝土柱进行考虑；对于加劲构件，其混凝土约束作用主要由内衬圆钢钢管或八边形钢管提供，且约束强度接近圆钢管混凝土构件，本构模型计算中 η 和 β_0 按圆钢管混凝土柱确定，且套箍系数的计算仅考虑衬管的面积。

混凝土塑性损伤模型中的主要参数取值见表 2.6。

混凝土基本材性参数　　　　　　　　　　　　　　　表 2.6

材料	膨胀角	流动势偏移度	f_{b0}/f_{c0}	不变量应力比	黏滞系数	泊松比
混凝土	40°	0.1	1.16	2/3	0.0005	0.2

钢材本构采用理想弹塑性模型，在保证精度的前提下获得较快的计算速度和良好的收敛性。应力-应变关系式由 2.4.1 节确定。钢材弹性模量 E_s 取 $2.06 \times 10^5 \text{N/mm}^2$，泊松比取 0.3。

（2）单元选取与网格划分

核心混凝土选用 8 节点六面体减缩积分实体单元 C3D8R，钢管和加劲肋选用 4 节点曲面壳单元 S4R，壳厚度方向采用 9 个积分点的 Simpson 积分。通过对网格精度的测试对比，最终采用模型截面宽度的 1/12 作为全局网格尺寸大小。采用结构化网格划分方法，尽量将钢管、加劲肋和核心混凝土的网格节点对齐。

（3）接触与约束关系

钢管与混凝土之间的相互作用主要包括：界面法线方向的接触、切线方向的粘结滑移。法线方向的接触采用"硬"接触（Hard Contact），切线方向的滑移采用"罚"函数库仑摩擦，摩擦系数 μ 取 0.6[16]。钢管与混凝土之间采用面-面接触（Surface to Surface），刚度较大的混凝土外表面为主表面，刚度较小的钢管内表面为从表面。衬管加劲肋和混凝土之间，采取将加劲肋嵌入（Embedded）到混凝土中模拟手段。为模拟塞焊的作用，钢管与加劲肋的对应塞焊位置通过绑定（Tie）连接，如图 2.20 所示。

（4）边界条件与加载方式

将柱上下端面（包括混凝土端面、钢管端面、加劲肋端面）与参考点建立刚体约束

图 2.20 塞焊位置示意

(Rigid Body)。对于轴压模型，将柱底（下部参考点）设为固定端（U1＝U2＝U3＝UR1＝UR2＝UR3＝0），约束柱顶（上部参考点）水平方向的自由度（U1＝U2＝0）；而偏压模型需将柱底（下部参考点）设为铰接（U1＝U2＝U3＝0）。采用位移加载方式，即在上部参考点施加轴向位移 U3，将荷载通过刚性面传递给模型。

（5）初始缺陷

本章建立有限元模型时，为考虑分布与屈曲模态相关的初始缺陷影响，建立了考虑初始缺陷和不考虑初始缺陷两种数值模型进行对比。按我国《冷弯薄壁型钢结构技术规范》GB 50018—2002[20] 规定，取板件宽度的 1/100 为板件面外最大位移，按一阶屈曲模态来考虑构件的初始缺陷（图 2.21）。

SU模型　　　　　　　　　SC模型　　　　　　　　　SO模型

图 2.21 方钢管一阶屈曲模态

不考虑初始缺陷的有限元承载力 N_{e0} 与考虑初始缺陷的有限元承载力 N_e 比值的平均值为 0.990，标准差为 0.009，最大相差 1.5%。初始缺陷对模型的承载力影响较小，在进行后续有限元建模分析时可忽略初始缺陷的影响。

2.4.3 模型验证

（1）破坏模式

图 2.22 为典型轴压试件的有限元预测破坏模式与试验结果的对比。对于未加劲试件，钢管发生局部屈曲且对应位置混凝土发生压溃破坏，有限元能较好地预测该破坏模式；对于设置圆形或八边形衬管的加劲试件，混凝土在压溃破坏的基础上存在剪切破坏趋势，外钢管发生多波屈曲；有限元可较准确地预测钢管的屈曲模式，但不能有效模拟混凝土的剪切破坏。

图 2.23 为典型偏压试件的有限元预测破坏模式与试验结果的对比。对于未加劲试件，

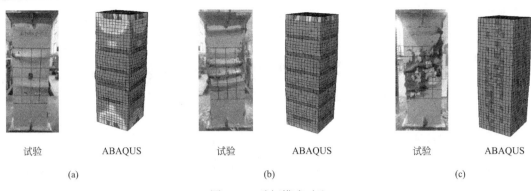

图 2.22　破坏模式对比

(a) SU-120；(b) SC-120；(c) SO-120

受压侧钢管发生局部屈曲且对应位置混凝土发生压溃破坏，ABAQUS 能有效预测该破坏模式。对于设置圆形或八边形衬管的加劲试件，在柱高范围方钢管受压侧出现间隔均匀的多波屈曲，对应位置混凝土压溃，试件发生明显弯曲变形，表现出良好的延性性能；有限元能准确模拟钢管的多波屈曲，直观反映衬管对偏压试件变形能力的改善，且 SO 试件的改善效果明显优于 SC 试件。

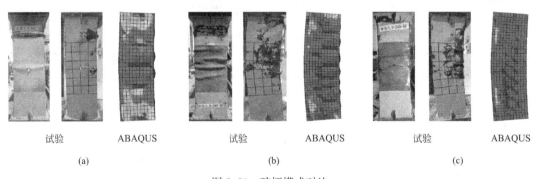

图 2.23　破坏模式对比

(a) SU-160-42；(b) SC-160-42；(c) SO-160-42

（2）荷载-变形曲线

图 2.24 为有限元计算预测的轴压荷载-竖向变形（以竖向应变的形式表达）曲线与试验结果的对比，其中图例 FEA 表示不考虑初始缺陷所得的有限元模拟结果，图例 FEA-D表示考虑初始缺陷所得的有限元模拟结果。不考虑初始缺陷，试验承载力 N_u 与有限元承载力 N_{e0} 之比的平均值为 1.037，标准差为 0.050。考虑初始缺陷，试验承载力 N_u 与有限元承载力 N_e 之比的平均值为 1.047，标准差为 0.047。一方面，模型是否考虑钢管的初始缺陷对荷载-位移曲线影响较小，可忽略钢管初始缺陷的影响；另一方面，有限元模拟的荷载-位移曲线能较好地预测试验曲线的刚度和承载力，二者承载力下降段略有差异，但总体趋势一致，验证了本章建模方法的合理性。

图 2.25 为有限元计算预测的偏压荷载-柱中横向变形曲线与试验结果的对比。同样可以看出模型是否考虑钢管的初始缺陷对曲线影响较小，可忽略钢管初始缺陷的影响；此

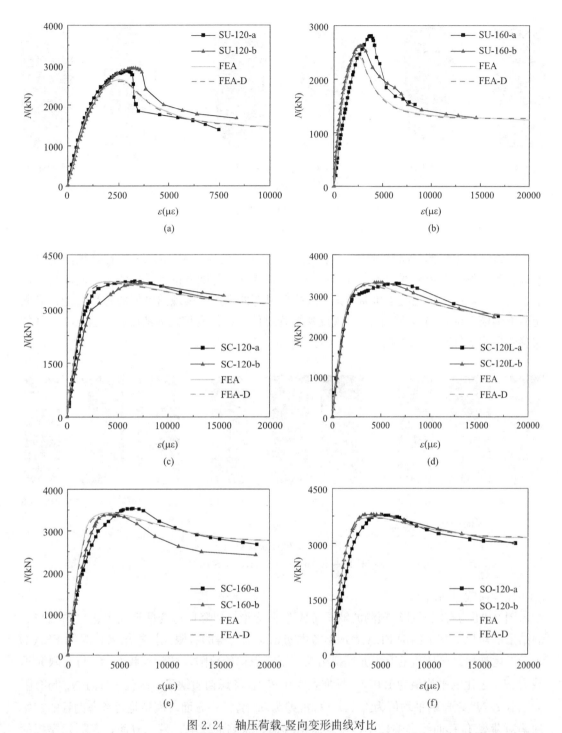

图 2.24　轴压荷载-竖向变形曲线对比

(a) SU-120；(b) SU-160；(c) SC-120；(d) SC-120L；(e) SC-160；(f) SO-120

外，有限元模拟的荷载-柱中横向变形曲线能较好地预测模型的刚度和承载力，仅部分模型承载力下降段差异稍大。整体上偏压模型的模拟效果较好，验证了本章建模方法的合理性。

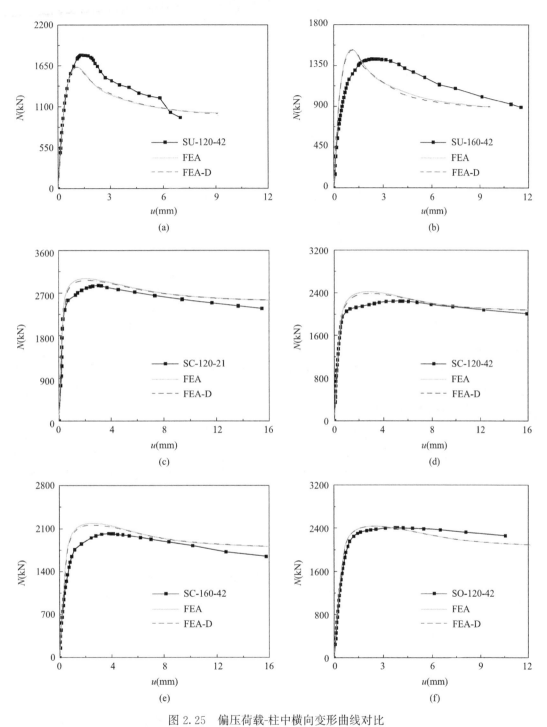

图 2.25　偏压荷载-柱中横向变形曲线对比

(a) SU-120-42；(b) SU-160-42；(c) SC-120-21；(d) SC-120-42；(e) SC-160-42；(f) SO-120-42

2.4.4　轴压有限元分析

为分析构件中各部件的应力发展情况，选取加载过程中的三个特征时刻进行分析。如

图 2.26 所示，所选取的特征时刻对应于荷载-位移曲线上的三个特征点，即钢管初始屈服点 A、峰值点 B 和极限点 C（荷载降为峰值荷载的 85％）。以 SU-120、SC-120、SO-120 模型为例，详细介绍各特征时刻下钢管与核心混凝土的应力发展情况。

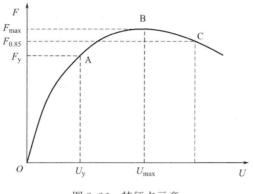

图 2.26　特征点示意

（1）SU-120

基于由有限元计算结果制成的系列图表（图 2.27～图 2.29），对模型各部件应力发展情况进行分析：

· A 点：核心混凝土的纵向应力在柱中截面的发展水平较为均匀，平均值为 $29.48\text{N}/\text{mm}^2$。钢管沿高度出现 3 处局部高压应力区，相邻应力区的中心间隔约为截面宽度，高压应力区横截面角部钢材屈服。

· B 点：核心混凝土在柱中截面的纵向应力梯度增大，从核心区向外应力递减，平均值为 $38.84\text{N}/\text{mm}^2$，应力图形由内向外呈现由圆形向正方形过渡，角部约束大，四边中部约束小，边部应力等值线呈抛物线。钢管 3 处高压应力区域逐渐扩大，柱中范围钢管角部环向应力显著增长。

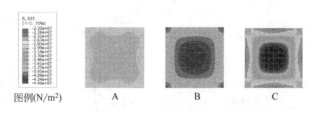

图 2.27　混凝土柱中截面纵向应力

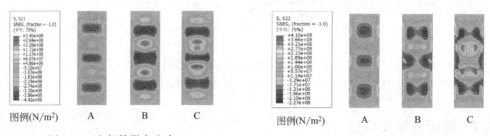

图 2.28　方钢管纵向应力　　　　图 2.29　方钢管环向应力

• C 点：核心混凝土在柱中截面压应力均值为 33.37N/mm²，应力图形与 B 点较为相似，整体应力水平有所下降。随着混凝土压碎，外部混凝土陆续退出工作，主要由核心区域承担压应力，应力梯度更明显。加载后期，模型变形集中于柱中部，钢管屈服区域由两端向中部扩展，中部明显鼓曲。

（2）SC-120

基于由有限元计算结果制成的系列图表（图 2.30～图 2.34），对模型各部件应力发展情况进行分析：

• A 点：核心混凝土在柱中截面的纵向压应力均值为 36.19N/mm²，整体受力较均匀，角部应力稍大。外钢管在柱高范围内应力变化较小，柱端角部钢材率先屈服。内衬圆管截面应力分布较均匀，但其所承担的纵向应力低于外钢管，而环向应力水平高于外钢管。

• B 点：核心混凝土在柱中截面的纵向压应力均值为 50.49N/mm²，比 A 点有较大增长，应力图形呈多个同心圆，核心区和角部应力增长明显。外钢管绝大部分区域屈服，纵向应力沿柱高出现以塞焊点间距为波长的起伏变化，平面竖向对称轴左右相差约半个波长，钢管无明显屈曲。内衬圆管绝大部分区域屈服，纵向应力沿截面存在滞后效应，其中塞焊点附近纵向应力高；衬管环向应力较 A 点有明显增长。

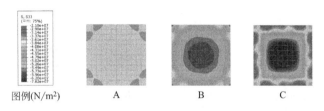

图 2.30　混凝土柱中截面纵向应力

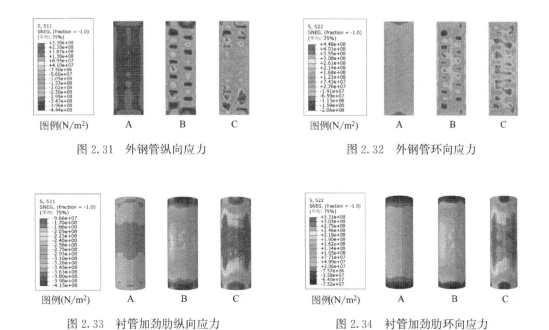

图 2.31　外钢管纵向应力　　　　　图 2.32　外钢管环向应力

图 2.33　衬管加劲肋纵向应力　　　　图 2.34　衬管加劲肋环向应力

• C 点：核心混凝土在柱中截面的纵向压应力均值为 46.8N/mm²，应力图形由内向外呈现由圆形向正方形过渡，四边混凝土陆续退出工作。外钢管几乎全部屈服，沿柱身出现以塞焊点间距为波长的多波屈曲，靠近柱中部变形较大。衬管加劲肋几乎全部屈服；与 B 点相比，柱中范围的衬管出现显著的纵向应力退化而环向应力增长的趋势，且由于塞焊点引起的应力滞后效应，应力沿衬管截面分别并不均匀，远离塞焊位置纵向应力更小而环向应力更大，应力分布沿高度方向呈梭形。

（3）SO-120

基于由有限元计算结果制成的系列图表（图 2.35～图 2.39），对模型各部件应力发展情况进行分析：

• A 点：核心混凝土在柱中截面的纵向压应力发展水平较均匀，平均值为 35.66N/mm²，应力图形呈八边形。外钢管和衬管加劲肋在轴力作用下全截面受压，纵向应力分布较均匀，柱端外钢管角部和衬管加劲肋斜边中部的钢材屈服。

• B 点：核心混凝土在柱中截面的纵向压应力均值为 47.49N/mm²，较 A 点有明显增长，应力图形由内向外呈现由圆形向八边形过渡，核心区和角部应力较大。外钢管绝大部分区域屈服；角部和塞焊点处钢材的环向应力增长较快，临近角部的带状区域钢材纵向

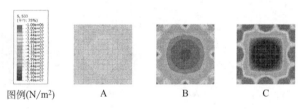

图 2.35　混凝土柱中截面纵向应力

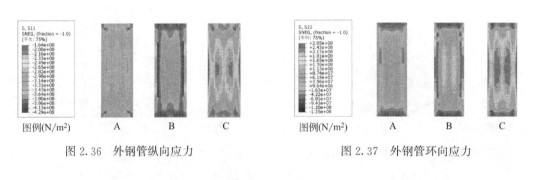

图 2.36　外钢管纵向应力　　　　　　　图 2.37　外钢管环向应力

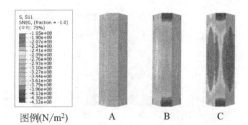
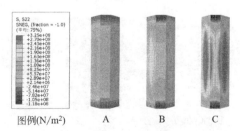

图 2.38　衬管加劲肋纵向应力　　　　　图 2.39　衬管加劲肋环向应力

应力增长明显。衬管加劲肋绝大部分区域屈服；柱中范围内衬管的环向应力增长而纵向应力退化。

· C点：核心混凝土在柱中截面的纵向压应力均值为 $43.08N/mm^2$，应力图形由内向外呈现由圆形向正方形过渡。大量混凝土压碎，逐渐退出工作，使得应力梯度更加明显。外钢管几乎全部屈服；钢管纵向应力进一步退化而环向应力继续增长。模型以整体变形为主，柱身中部变形较大，未观察到钢管局部屈曲。内衬钢管几乎全部屈服，刚度退化，承担的轴力减少，转而主要为混凝土提供约束。

（4）模型对比

根据以上对单一模型的应力全过程分析发现，加劲肋对薄壁钢管混凝土模型的应力分布影响显著，其约束作用明显优于方钢管。为对比不同形式模型在受力性能方面的差异，对 3 种模型在峰值荷载时刻的变形情况、应力分布情况，以及不同特征时刻下不同位置处各部件的承载力贡献进行分析：

① 图 2.40～图 2.42 为峰值荷载作用时不同视角下模型的变形图，为利于观察钢材的变形情况，水平方向的变形缩放系数取 8。峰值荷载时刻，SU 模型出现 3 个波长为截面宽度的局部屈曲，模型变形明显；SC 模型出现外钢管的多波屈曲，板件平面左右错峰变形，由于设置塞焊点，变形情况较 SU 模型有明显改善；SO 模型变形以整体变形为主，未观测到局部屈曲。对比加劲模型和未加劲模型的截面变形情况可以看出，SU 模型由于钢材局部屈曲导致钢管与混凝土脱离，仅靠角部钢管提供约束，约束效果较差；加劲模型以塞焊点为支撑，屈曲问题得到有效限制，使屈曲敏感部位的钢材也能为混凝土提供约束，约束效果明显增强。图 2.42 为三种模型不同位置处的剖立面图，可以明显看出塞焊点的设置对屈曲问题的改善效果，混凝土在轴压作用下横向鼓胀时，钢管能更有效地限制混凝土变形。

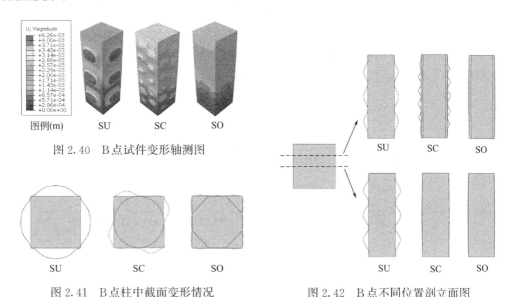

图例(m)　　SU　　SC　　SO

图 2.40　B 点试件变形轴测图

SU　　　　SC　　　　SO

图 2.41　B 点柱中截面变形情况

SU　　SC　　SO

SU　　SC　　SO

图 2.42　B 点不同位置剖立面图

② 图 2.43 为峰值荷载作用下外钢管纵向应力分布。圆形/八边形衬管使得薄壁方形钢管中轴向应力分布更均匀，并通过限制局部屈曲，提高轴向承载能力。SC 模型采用不

连续施焊，纵向应力沿高度变化幅度减小，体现外钢管存在多波屈曲的趋势，且与塞焊点的设置有密切联系。由于 SO 模型塞焊点数目更多，相当于为板件提供更多的平面外支撑，外钢管屈曲问题得到有效改善，纵向应力沿高度变化平缓。但由于塞焊缝的不连续施焊，加劲模型难以达到全截面有效受压。

③ 图 2.44 为峰值荷载作用下柱中截面的混凝土纵向应力分布，3 种模型核心混凝土压应力由截面形心向外逐渐减小，角部应力略有增长，这与方钢管不均匀的约束效果有关。对比未加劲模型，加劲模型核心混凝土除外钢管的约束外，还受到衬管加劲肋的有效约束，约束效果更强，且内衬圆管的约束效果优于内衬八边形钢管。总体而言，核心混凝土应力状态：SC 模型＞SO 模型＞SU 模型，SC 和 SO 模型的约束效果较强、较均匀，接近圆钢管混凝土柱受力状态，证明建模时 SC、SO 模型的混凝土本构按圆钢管进行考虑具有一定合理性。

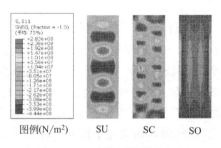

图 2.43　B 点外钢管纵向应力

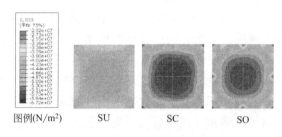

图 2.44　B 点柱中截面混凝土纵向应力

④ 图 2.45 为柱中截面荷载-顶部位移曲线。由于钢材的约束作用，核心混凝土的变形性能和承载能力得到有效增强。SU 模型钢管的约束作用较差，钢管屈服后无法给核心混凝土提供足够的约束作用，核心混凝土和模型整体承载力几乎同步下降；SC 模型和 SO 模型的钢管和衬管基于峰值荷载前同步屈服，钢材提供的竖向承载能力降低，但钢材环向应力的增长能持续为核心混凝土提供更强的约束力，甚至当模型整体承载能力开始衰减，核心混凝土的承载能力仍能进一步提高，且刚度退化更为平缓。

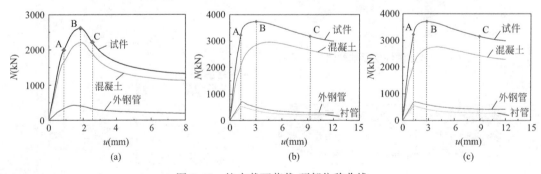

图 2.45　柱中截面荷载-顶部位移曲线
(a) SU-120；(b) SC-120；(c) SO-120

⑤ 图 2.46～图 2.48 为不同模型在各特征时刻沿柱高方向的轴力分配。加载前期，模型处于弹性阶段，各部件承担的轴力比例沿高度基本保持不变。随荷载增大，材料进入弹

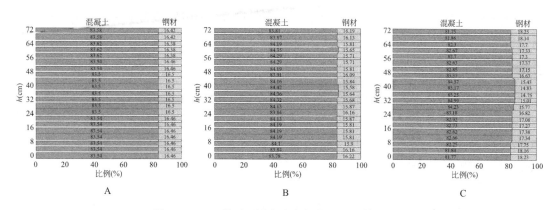

图 2.46　SU 模型不同高度各部件承担的轴力比例

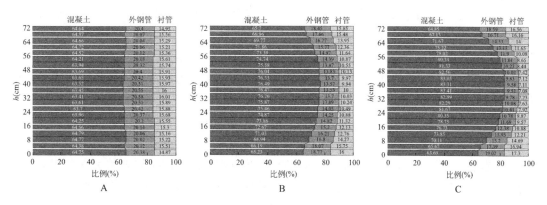

图 2.47　SC 模型不同高度各部件承担的轴力比例

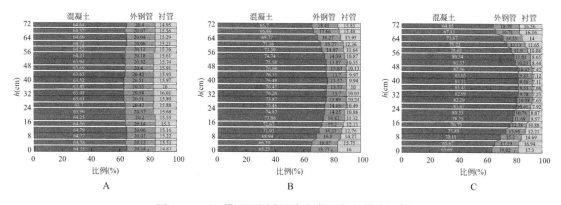

图 2.48　SO 模型不同高度各部件承担的轴力比例

塑性阶段，由于各高度处应力重分布情况不同，各部件承担的轴力比例随之改变，总体呈现由柱身中部向柱端，混凝土承担的轴力比例逐渐减小，这与模型变形主要集中在柱身中部相一致。由于 SU 模型在轴压下局部屈曲问题较突出，钢材承担的轴力沿柱身呈与钢管屈曲模式相似的 S 形波动（图 2.46C）。SC 模型外钢管出现平面左右错峰屈曲，而 SO 模型由于塞焊点数量多，局部屈曲问题得到有效改善；两种模型变形以整体变形为主，钢材承担的轴力沿柱身变化均匀，呈正弦半波形变化（图 2.47C、图 2.48C）。从图 2.46～图 2.48

中可以看出，即使加劲模型承载力开始衰减，钢材仍能提供有效的约束作用，保证核心混凝土具有较高的抗压强度改善模型承载力下降阶段的受力性能。

2.4.5　偏压有限元分析

为分析模型中各部件的应力发展情况，选取加载过程中的三个特征时刻进行应力分析，相较轴压模型，偏压加劲模型残余强度较高，极限点 C 取加载末点（承载力下降不及 15％）。以 SU-120-42、SC-120-42、SO-120-42 模型为例，详细介绍各特征时刻下钢管与核心混凝土的应力发展情况。

（1）SU-120-42

基于由有限元计算结果制成的系列图表（图 2.49～图 2.52），对模型各部件应力发展情况进行分析：

· A 点：核心混凝土在柱中截面的纵向压应力均值为 15.93N/mm²，偏心荷载作用下截面边缘混凝土出现拉应力，截面纵向应力沿偏心方向变化平缓，基本符合平截面假定；混凝土截面纵向应力分布沿高度基本一致。方钢管受压侧纵向应力沿柱高起伏变化，出现 3 处高压应力区，钢材屈服，模型无明显变形；高压应力区范围内角部钢材的环向应力有所增长。

· B 点：核心混凝土在柱中截面的纵向压应力均值为 26.03N/mm²，受压侧混凝土纵向应力较 A 点有明显增长，边缘混凝土发生明显塑性变形；受压侧混凝土纵向应力沿高度方向出现对应屈曲位置的 3 波起伏变化，该现象与方钢管提供的不均匀约束密切相关。方钢管受压侧柱中区域、距上下柱端约 1/6 柱高处局部屈曲，可见钢管向外鼓曲，屈曲迅速从受压面向两侧面发展，而角部钢管变形受到混凝土的限制，其环向应力迅速增长；受拉侧柱中区域角部钢材逐渐屈服，环向应力增长较快。

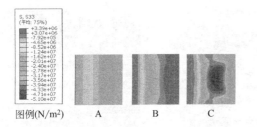

图 2.49　柱中截面混凝土纵向应力

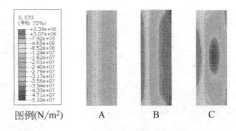

图 2.50　竖向对称面混凝土纵向应力

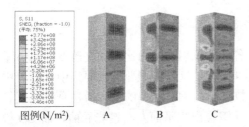

图 2.51　方钢管纵向应力

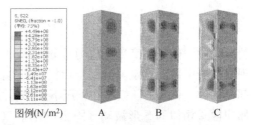

图 2.52　方钢管环向应力

• C点：核心混凝土在柱中截面的纵向压应力均值为24.06N/mm²，随边缘混凝土的压碎，模型发生明显的应力重分布，靠近核心区的混凝土转而承担更大比例的竖向力。加载后期，模型经历较大塑性变形，整体侧向挠曲；局部屈曲更加突出，且有向受压侧中部发展的趋势。钢管的局部屈曲受到核心混凝土的制约，对应位置处钢管环向应力增长明显，主要集中于模型角部和受压侧中部。钢管环形应力的增长，有效改善了模型在较大变形后的承载性能。

（2）SC-120-42

基于由有限元计算结果制成的系列图表（图2.53～图2.58），对模型各部件应力发展情况进行分析：

• A点：核心混凝土在柱中截面的纵向压应力均值为22.26N/mm²，截面纵向应力沿偏心方向呈线性变化，基本符合平截面假定；截面应力分布沿高度方向基本相似。内衬圆管和外钢管受压面及邻近区域钢材屈服；受压侧内衬圆管和方钢管角部、塞焊处钢材环向应力增长较快。

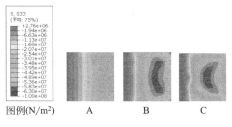

图 2.53　柱中截面混凝土纵向应力

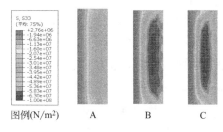

图 2.54　竖向对称面混凝土纵向应力

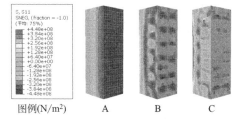

图 2.55　外钢管纵向应力

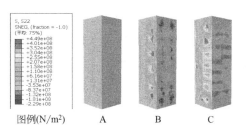

图 2.56　外钢管环向应力

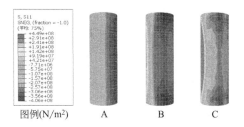

图 2.57　衬管加劲肋纵向应力

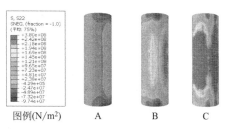

图 2.58　衬管加劲肋环向应力

• B 点：核心混凝土在柱中截面的纵向压应力均值为 $36.45N/mm^2$，受压区混凝土的压应力增长较快，其中受到内衬圆管约束的部分压应力增长显著；由于方钢管局部屈曲，受压区外侧混凝土的纵向应力沿柱高方向出现波浪状起伏。钢材屈服区域从受压侧向受拉侧发展，约 2/3 的钢材屈服。外钢管受压面与两侧面错峰屈曲，屈曲模态与塞焊缝的设置有关；未屈曲区域的钢材在混凝土侧向变形的挤压作用下，环向应力增长明显。内衬圆管整体纵向应力有明显增长；柱中区域衬管提供的环向约束由受压侧扩展到全截面。

• C 点：核心混凝土在柱中截面的纵向压应力均值为 $34.83N/mm^2$，截面边缘的混凝土压碎退出工作；核心混凝土受到内衬圆管有效约束，整体应力水平变化不大。钢管屈服区域进一步扩大，受拉侧钢材逐渐屈服；受压侧局部屈曲问题较 B 点更加突出，未屈曲部位的钢材由于对混凝土横向变形的限制，环向应力明显增长。内衬圆管整体环向应力较 B 点明显增长，使得加载后期模型仍保有良好的变形性能和承载能力。

（3）SO-120-42

基于由有限元计算结果制成的系列图表（图 2.59～图 2.64），对模型各部件应力发展情况进行分析：

• A 点：核心混凝土在柱中截面的纵向压应力均值为 $22.26N/mm^2$，截面应力沿偏心方向变化平缓，基本符合平截面假定；截面应力分布沿高度方向基本一致。外钢管和衬管截面纵向应力沿偏心方向呈线性变化，符合平截面假定；受压面钢材基本屈服，随荷载增加，临近的侧面钢材也逐渐屈服，屈服区域钢材的环形应力增长较快。

• B 点：核心混凝土在柱中截面的纵向压应力均值为 $34.11N/mm^2$，整体应力水平较 A 点有显著提升；受压区域纵向应力明显增长，由于衬管加劲肋约束效果比方钢管更有效，受到衬管约束的混凝土应力增长较快。模型整体弯曲变形，混凝土受到的约束效果与模型整体变形相关，由柱中向柱端衰减。外钢管和衬管加劲肋受压侧大部分区域进入屈服阶段；得益于塞焊点的设置改善了模型的屈曲问题，内外钢管沿高度方向的截面纵向应力分布变化不大；受压侧衬管斜边、外钢管角部及塞焊处钢材环向应力不断增长，为混凝土提供了更强的约束作用。

• C 点：核心混凝土在柱中截面的纵向压应力均值为 $33.58N/mm^2$，边缘混凝土压碎退出工作，中部混凝土在后期承担较大比例的轴向荷载；即使在加载后期，柱身范围内的核心混凝土仍受到较好的约束作用，核心混凝土的应力水平较 B 点无明显衰减。内外钢管屈服区域进一步扩大，约 4/5 的钢材屈服，受拉侧钢材由柱中部向柱端也逐渐屈服；衬管斜边、外钢管角部与塞焊处钢材的环形应力进一步增长。

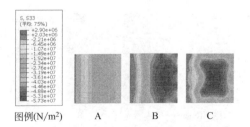

图 2.59　柱中截面混凝土纵向应力

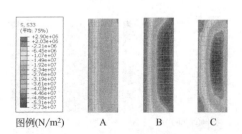

图 2.60　竖向对称面混凝土纵向应力

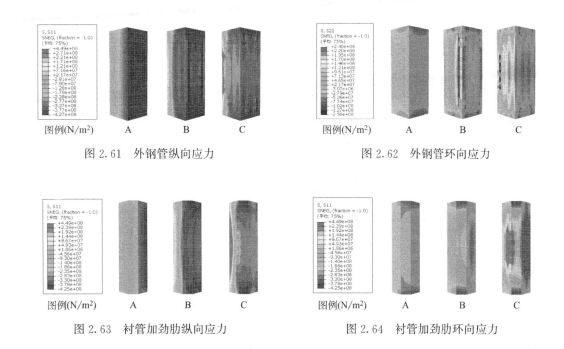

图 2.61　外钢管纵向应力　　　　　　　图 2.62　外钢管环向应力

图 2.63　衬管加劲肋纵向应力　　　　　图 2.64　衬管加劲肋环向应力

（4）模型对比

根据以上对单一模型的应力全过程分析发现，加劲肋能提高薄壁方钢管混凝土柱在偏压作用下的承载能力，改善屈曲和约束性能。为对比不同形式模型在受力性能方面的差异，对 3 种模型在峰值荷载时刻的变形情况、应力分布情况，以及不同特征荷载下不同位置处各部件的承载力贡献进行分析：

① 图 2.65～图 2.67 为峰值荷载作用时不同视角下模型的变形图，为利于观察钢材的变形情况，水平方向的变形缩放系数取 5。峰值荷载时刻，SU 模型受压侧出现 3 个波长约为 4/5 倍截面宽度的局部屈曲，屈曲问题较为突出；SC 模型出现外钢管的多波屈曲，受压面与两侧面错峰变形，屈曲问题较 SU 模型有明显改善；SO 模型变形以整体弯曲变形为主，未观测到局部屈曲。在偏压作用下，薄壁模型受压侧存在局部屈曲问题，对比加劲模型和未加劲模型的截面变形情况可以看出：SU 模型钢管局部屈曲问题较敏感，屈曲后核心混凝土仅靠角部钢管提供约束，约束效果较差；加劲模型由于设置塞焊点，屈曲问题有明显的改善，内衬钢管能始终为核心区域的混凝土提供有效约束。图 2.68 为三种模型不同位置处的剖立面图，可以明显看出塞焊点的设置将变形较大的少波屈曲限制为变形较轻的多波屈曲，其中 SO 模型由于设置两排塞焊点，改善效果最为明显。

② 图 2.68 为峰值荷载作用下外钢管纵向应力分布，圆形/八边形衬管使得薄壁方形钢管受压侧的纵向应力分布更均匀，并通过限制局部屈曲，提高模型的承载能力。SU 模型方钢管受压侧在竖向力作用下局部屈曲问题较为突出，钢材受力不均匀，致使材料性能发挥不充分。加劲模型采用塞焊点将内外钢管相连，增加了方钢管的平面外刚度，将受压侧原本突出的大变形屈曲转变为多波的小变形屈曲，使得纵向应力沿高度变化幅度减少，模型承载能力得以提升。

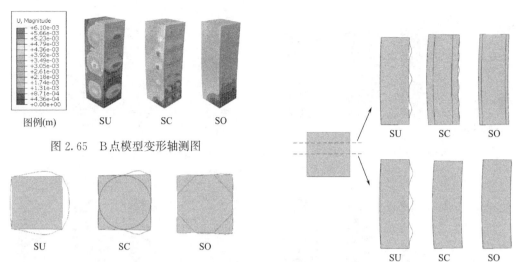

图 2.65　B 点模型变形轴测图

图 2.66　B 点柱中截面变形情况

图 2.67　B 点不同位置剖立面图

③ 图 2.69 为峰值荷载作用下柱中截面的混凝土纵向应力分布，3 种偏压模型受拉侧混凝土纵向应力差距不大，受压侧混凝土受到钢管不同程度的约束作用，其应力发展水平有显著差异。SU 模型仅靠方钢管提供约束，且方钢管对屈曲较为敏感，受压侧混凝土纵向应力水平较低，模型变形性能和承载能力较差。SO、SC 模型由于采用衬管加劲，受压区混凝土应力水平明显提高；由于内衬圆管的约束效果优于内衬八边形钢管，SC 模型的提升效果更为显著。

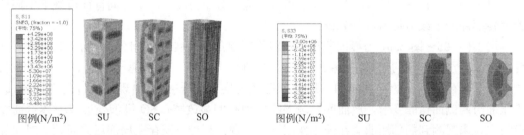

图 2.68　B 点外钢管纵向应力

图 2.69　B 点柱中截面混凝土纵向应力

参考文献

[1] 中华人民共和国住房和城乡建设部．钢管混凝土结构技术规范：GB 50936—2014 [S]．北京：中国建筑工业出版社，2014．

[2] 中华人民共和国住房和城乡建设部．混凝土物理力学性能试验方法标准：GB/T 50081—2019 [S]．北京：中国建筑工业出版社，2019．

[3] MC90 C. Comite euro-international du beton-federation international de la pre-contrainte（CEB-FIP），model code 90 for concrete structures [J]．1993．

[4] ACI Committee，International Organization for Standardization. Building code requirements for structural concrete（ACI 318-11）and commentary [C]．American

Concrete Institute，2011.

[5] 中国国家标准化管理委员会. 钢及钢产品 力学性能试验取样位置及试样制备：GB/T 2975—2018［S］. 北京：中国质检出版社，2019.

[6] 中国国家标准化管理委员会. 金属材料 拉伸试验 第 1 部分：室温试验方法：GB/T 228.1—2010［S］. 北京：中国标准出版社，2011.

[7] 王清湘，赵国藩，林立岩. 高强混凝土柱延性的试验研究［J］. 建筑结构学报，1995 (4)：22-31.

[8] HUANG C S，YEH Y K，LIU G Y，et al. Axial Load Behavior of Stiffened Concrete-Filled Steel Columns［J］. Journal of Structural Engineering，2002，128 (9)：1222-1230.

[9] TAO Z，HAN L H，WANG Z B. Experimental behaviour of stiffened concrete-filled thin-walled hollow steel structural (HSS) stub columns［J］. Journal of Constructional Steel Research，2005，61 (7)：962-983.

[10] ZHOU Z，GAN D，ZHOU X. Improved Composite Effect of Square Concrete-Filled Steel Tubes with Diagonal Binding Ribs［J］. Journal of Structural Engineering，2019，145 (10)：04019112.

[11] HUANG H，ZHANG A，LI Y，et al. Experimental research and finite element analysis on mechanical performance of concrete-filled stiffened square steel tubular stub columns subjected to axial compression［J］. Journal of Building Structures，2011，32 (2)：75-82.

[12] HAN L H，YAO G H，ZHAO X L. Tests and calculations for hollow structural steel (HSS) stub columns filled with self-consolidating concrete (SCC)［J］. Journal of Constructional Steel Research，2005，61 (9)：1241-1269.

[13] TAO Z，HAN L H，WANG D Y. Strength and ductility of stiffened thin-walled hollow steel structural stub columns filled with concrete［J］. Thin-Walled Structures，2008，46 (10)：1113-1128.

[14] 钟善桐. 钢管混凝土结构［M］. 3 版. 北京：清华大学出版社，2003.

[15] 陈惠发，A F 萨里普. 弹性与塑性力学［M］. 北京：中国建筑工业出版社，2004.

[16] HAN LH，YAO GH，TAO Z. Performance of concrete-filled thin-walled steel tubes under pure torsion［J］. Thin-Walled Structures，2007，45 (1)：24-36.

[17] ABAQUS. ABAQUS Analysis User's Manual［M］，Version 6.12. Volume Ⅲ：Materials.

[18] YU T，TENG J G，WONG Y L，et al. Finite Element Modeling of Confined Concrete-Ⅱ：Plastic-Damage Model［J］. Engineering Structures，2010，32 (3)：680-691.

[19] ZHOU X H，YAN B，LIU J L. Behavior of Square Tubed Steel Reinforced-Concrete (SRC) Columns under Eccentric Compression［J］. Thin Walled Structures，2015，91：129-138.

[20] 中华人民共和国建设部. 冷弯薄壁型钢结构技术规范：GB 50018—2002［S］. 北京：中国标准出版社，2002.

第3章　薄壁圆钢管混凝土柱受压性能

针对方衬管、对拉钢板加劲薄壁圆钢管混凝土柱的轴压与偏压性能，本章设计完成 24 个受压短柱试件，参数包括钢管径厚比、钢材强度和偏心率等。通过试验，获得加劲薄壁圆钢管混凝土柱的受压破坏模式、荷载-位移关系曲线、钢管应变及应力发展曲线等，分析不同加劲形式下薄壁圆钢管的屈曲模态与塑性发展机制，从刚度、承载力和延性等方面对加劲薄壁圆钢管混凝土柱的受压性能进行评估。建立薄壁圆钢管混凝土受压构件的精细化有限元模型，并对加载全过程构件的应力发展情况、核心混凝土受约束水平、钢管屈曲模态、截面内力重分布规律等方面进行细致的分析和讨论，揭示薄壁圆钢管混凝土轴压和偏压构件的受力机理。

3.1　试验方案

3.1.1　试件设计

共进行 24 个薄壁圆钢管混凝土短柱试件在竖向压力作用下的试验研究，包括 7 组 14 个轴心受压试件和 10 个偏心受压试件，涵盖未加劲（CU）、内衬方钢管加劲（CT）、内衬对拉钢板加劲（CP）三种形式。试件高度均为 720mm，截面直径均为 240mm，变化参数为钢管径厚比、钢材屈服强度、对拉钢板间距和荷载偏心率。表 3.1 为试件的具体参数，其中，D 为圆钢管直径，t_1 为加劲钢板或内衬方钢管的厚度（$t_1=t$）。值得注意的是，试验所研究试件的圆钢管径厚比均高于规范[1] 中的最大径厚比限值（$[D/t]_{\max}$）。试件的命名方式是根据试件主要参数确定，其中前两个字母代表试件的加劲形式，中间数字代表钢管名义径厚比，轴压试件名中最后一个字母是为区分相同参数的不同试件，偏压试件名中最后一个数字代表荷载偏心率（$2e/D$）。以试件 CU-120-21 为例：CU 代表未加劲试件，120 代表方钢管名义径厚比为 120，21 代表荷载偏心率为 21%。试件 CT-120L-a/b 中字母 L 代表该试件钢管强度等级为 Q235，低于其他试件的钢管强度等级。试件 CP1/2-120-a 中数字 1 代表该试件采用小间距对拉钢板加劲，2 代表采用大间距对拉钢板加劲。

试件参数　　　　　　　　　　　　　　　　　表 3.1

编号	试件名	H (mm)	D (mm)	t (mm)	D/t	$[D/t]_{\max}$	e (mm)	加劲肋形式	t_l (mm)	ρ (%)	$\rho_{\min}$ (%)	焊缝加强
1	CU-120-a	720	240	2.0	120	82	0	—	2.0	3.2	5.14	否
2	CU-120-b	720	240	2.0	120	82	0	—	2.0	3.2	5.14	是
3	CU-160-a	720	240	1.5	160	75	0	—	1.5	2.5	5.64	否
4	CU-160-b	720	240	1.5	160	75	0	—	1.5	2.5	5.64	是

续表

编号	试件名	H (mm)	D (mm)	t (mm)	D/t	$[D/t]_{max}$	e (mm)	加劲肋形式	t_l (mm)	ρ (%)	ρ_{min} (%)	焊缝加强
5	CT-120-a	720	240	2.0	120	82	0	方钢管	2.0	6.3	5.14	否
6	CT-120-b	720	240	2.0	120	82	0	方钢管	2.0	6.3	5.14	否
7	CT-120L-a	720	240	2.0	120	117	0	方钢管	2.0	6.6	3.54	是
8	CT-120L-b	720	240	2.0	120	117	0	方钢管	2.0	6.6	3.54	是
9	CT-160-a	720	240	1.5	160	75	0	方钢管	1.5	4.8	5.64	是
10	CT-160-b	720	240	1.5	160	75	0	方钢管	1.5	4.8	5.64	否
11	CP1-120-a	720	240	2.0	120	82	0	对拉钢板	2.0	5.1	5.14	否
12	CP1-120-b	720	240	2.0	120	82	0	对拉钢板	2.0	5.1	5.14	是
13	CP2-120-a	720	240	2.0	120	82	0	对拉钢板	2.0	4.8	5.14	否
14	CP2-120-b	720	240	2.0	120	82	0	对拉钢板	2.0	4.8	5.14	是
15	CU-120-21	720	240	2.0	120	82	25	—	2.0	3.2	5.14	是
16	CU-120-42	720	240	2.0	120	82	50	—	2.0	3.2	5.14	是
17	CU-120-52	720	240	2.0	120	82	62.5	—	2.0	3.2	5.14	是
18	CU-160-42	720	240	1.5	160	75	50	—	1.5	2.5	5.64	是
19	CT-120-21	720	240	2.0	120	82	25	方钢管	2.0	6.3	5.14	是
20	CT-120-42	720	240	2.0	120	82	50	方钢管	2.0	6.3	5.14	是
21	CT-120-52	720	240	2.0	120	82	62.5	方钢管	2.0	6.3	5.14	是
22	CT-160-42	720	240	1.5	160	75	50	方钢管	1.5	4.8	5.64	是
23	CP1-120-42	720	240	2.0	120	82	50	对拉钢板	2.0	4.8	5.14	是
24	CP1-160-42	720	240	1.5	160	75	50	对拉钢板	1.5	3.6	5.64	是

图 3.1 为内衬方钢管（CT）和对拉钢板（CP）试件的尺寸及构造细节。试件所用到的圆钢管、方钢管和对拉钢板均采用薄钢板冷弯加工而成，每种钢管仅有一条纵向对接焊缝，其中方钢管纵向焊缝位于方形截面某一边中部。CT 和 CP 试件中圆钢管需要在钢板加工下料阶段沿纵向预留 4 列塞焊孔，每个孔长 30mm，宽 5mm，孔纵向净距为 40mm。与衬管加劲方钢管混凝土柱不同，加劲圆钢管混凝土柱的内衬方钢管（无纵向焊缝的三个侧面）与对拉钢板在高度方向均匀设置三个直径为 80mm 圆形孔，以提高核心混凝土的整体性。为方便安装，内衬方钢管和对拉钢板的截面外侧尺寸比圆钢管截面内壁尺寸小 2～4mm。衬管及钢板加劲肋通过四列纵向非连续塞焊与外钢管连接，并通过打磨保证上下端面平整且与外钢管高度一致。混凝土浇筑与端板连接方法与上一章方钢管混凝土试件相同。对于未加劲（CU）试件，除钢管不需开孔外，其余加工过程与加劲试件基本一致。

此外，针对此批试件的加工过程，有一点需要特别指出：由于试件的钢管壁厚过薄，试件纵向焊缝在第一次加工完成后没有达到等强要求，导致部分试件在竖向压力荷载作用下发生因钢管纵向焊缝过早断裂而引起的突然破坏。为提高纵向焊缝强度，反映构件的实际受力性能，通过贴焊钢板的方式对部分试件纵向焊缝进行补强，补强试件见表 3.1。

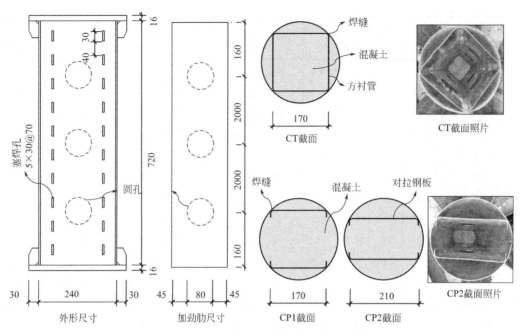

图 3.1　CT 和 CP 试件的尺寸和构造细节

3.1.2　材料性能

所有试件均采用 C50 细石商品混凝土，在浇筑试件的同时浇筑多组 150mm×150mm×150mm 的标准混凝土试块，混凝土试块与试件同条件养护，试块测试根据轴压和偏压试验的时间先后分为两批次进行。表 3.2 为基于材性试验得到的混凝土性能指标。试验所采用的钢板与本书第 2 章的为同一批次，包括名义厚度为 1.5mm 的 Q355 钢板和名义厚度为 2.0mm 的 Q235 和 Q355 钢板，钢材材料性能指标见表 2.2。

表 3.2

混凝土性能指标

试件形式	$f_{cu,m}$(MPa)	f_{cm}'(MPa)	E_c(MPa)
轴压试件	53.1	42.32	30568
偏压试件	58.6	46.1	31912

3.1.3　加载与测量装置

试验在重庆大学结构实验室 5000kN 电液伺服液压试验机进行静力加载，试验装置见图 3.2。试验加载装置与本书第 2 章的受压试验相同，轴压与偏压试件分别测量竖向与水平位移，以及柱中部截面的钢管应变发展。试验采用数字图像相关（DIC）方法监测柱中 240mm×360mm 区域内钢管表面的位移和应变，并通过 GOM Correlate 2018 进行分析。

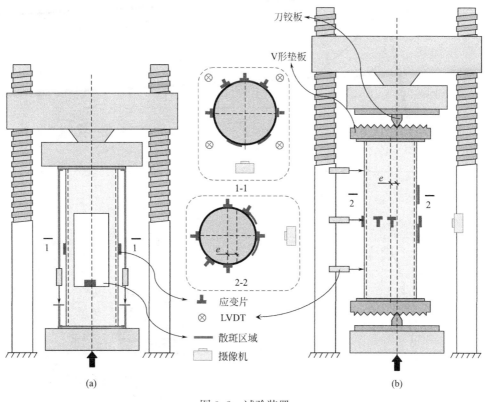

图 3.2　试验装置

（a）轴心加载；（b）偏心加载

3.2　轴压试验结果分析

3.2.1　试验现象及破坏模式

图 3.3 对比了纵向焊缝是否加强对典型同参数试件的影响。在纵向焊缝未加强的情况下，薄壁圆钢管混凝土柱因焊缝断裂而过早破坏，承载力偏低且延性不足。通过贴焊钢板加强纵向焊缝可有效推迟焊缝断裂，但贴焊加强过程同样会对薄壁钢管造成损伤，引起焊接热影响区的局部断裂。即便如此，纵向焊缝的补强措施仍在一定程度上改善了构件的受力性能，避免焊缝在构件达到承载能力前发生断裂。因此，试验结果的讨论与分析主要针对纵向焊缝补强的试件。

以试件 CT-120L-b 为例介绍试验 DIC 观测结果，见图 3.4。在加载初期，钢管 DIC 观测区纵向位移从上到下逐渐增大，变化均匀，试件未见明显鼓曲。加载至 $54\%N_u$ 时，试件上端部附近出现环状局部屈曲。达到峰值荷载 N_u 时，钢管 1/4 柱高处出现明显局部屈曲，观测区纵向位移分布明显分化，左上角位移小于右下角位移。当荷载下降至 $80\%N_u$ 时，DIC 观测区中部出现小区域灰色斑点，表明此处开始出现局部屈曲。随着试件承载能力的降低，灰色斑点区域进一步横向扩展，承载力下降至 $77\%N_u$ 时，中部区域形成明显局部屈曲。

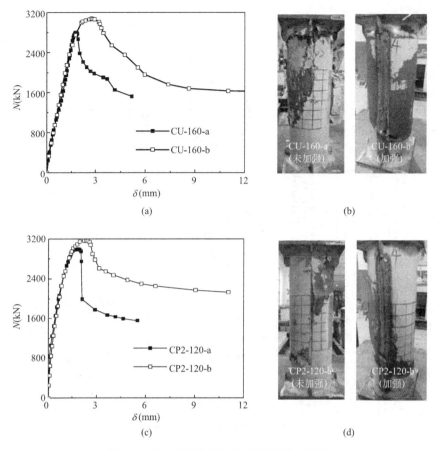

图 3.3　纵向焊缝加强对典型试件影响情况
（a）CU-160 组试件的荷载位移曲线；（b）CU-160 组试件的破坏模式；
（c）CP2-120 组试件的荷载位移曲线；（d）CP2-120 组试件的破坏模式

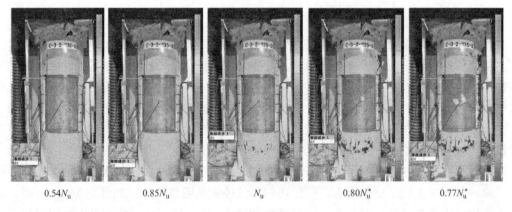

图 3.4　钢管 DIC 位移场分析

　　图 3.5 为典型薄壁圆钢管混凝土轴压短柱的破坏模式，表 3.3 汇总了各试件的主要破坏特征。与薄壁方钢管混凝土轴压试件相似，圆形试件的破坏耦合了钢管局部屈曲、混凝土压溃和钢管及焊缝的断裂，整体上呈剪切破坏模式。

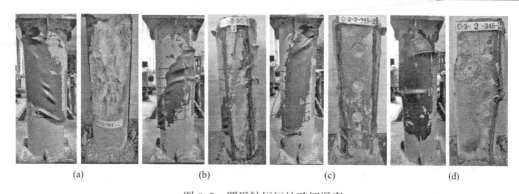

(a)　　　　　　　　(b)　　　　　　　　(c)　　　　　　　　(d)

图 3.5　圆形轴压短柱破坏形态

(a) CU-120-b；(b) CP1-120-b；(c) CP2-120-b；(d) CT-120-b

破坏特征　　　　　　　　　　　　　　　　　　　　　　表 3.3

试件编号	钢管初始屈曲位置	钢管断裂位置	破坏位置	加劲肋破坏
CU-120-b	柱顶	纵向焊缝上端	柱顶到柱高 1/3 处,剪切角 68°	无
CU-160-b	柱顶	无	柱顶到柱中,剪切角 56°	无
CT-120-b	柱高 3/4 处	纵向焊缝及柱高 3/4 处塞焊点	柱中到柱高 3/4 处,剪切角 53°	与外钢管屈曲位置相同
CT-120L-b	柱高 3/4 处	柱高 3/4 处塞焊点	柱顶到柱高 1/4 处,剪切角 53°	与外钢管屈曲位置相同
CT-160-a	柱高 1/4 处	纵向焊缝上部及中部塞焊点	柱顶到柱底,剪切角 50°	与外钢管屈曲及破坏位置相同
CP1-120-b	柱高 3/4 处	无	柱高 1/4 处到柱高 3/4 处,剪切角 60°	与外钢管屈曲位置相同
CP2-120-b	柱顶	纵向焊缝	柱顶到柱底,剪切角 60°	与外钢管屈曲位置相同

对于未加劲试件,钢管的屈曲最早出现于柱端;并在试件剪切面及其附近逐渐出现斜向的局部屈曲,剪切面一般从试件的上端附近延伸到试件对侧中部或柱高 1/4 处,剪切角约为 56°～68°。对于方衬管/对拉钢板加劲试件,剪切破坏面发生位置更靠近柱中部,剪切角略有减小,约为 50°～60°。试件的局部屈曲主要沿剪切面发展,且屈曲数量略多于未加劲试件。未加劲试件混凝土剪切破坏更明显,剪切面形成后,外钢管无法有效限制混凝土变形;而加劲试件在混凝土剪切面形成后,其方衬管/对拉钢板加劲肋能在一定程度上改善了轴压构件的剪切变形能力。极限状态下,内衬方钢管和对拉钢板同样产生明显的局部屈曲,屈曲位置与试件剪切面对应,且位于加劲钢板开孔处。

衬管与对拉钢板加劲肋在提高薄壁圆钢管约束效应方面作用有限,且加劲肋的塞焊连接会导致圆钢管的提前断裂;但加劲肋一定程度上限制了试件的剪切变形,对混凝土的剪切破坏有一定的抑制作用。

3.2.2　荷载-竖向变形曲线

图 3.6 对比了各试件的荷载-竖向变形曲线。结果表明,方衬管可有效改善 $D/t=120$ 的

薄壁圆钢管混凝土短柱的轴压性能，使其具有更大的轴压刚度、更高的截面承载力和更好的延性及变形能力。然而，随着 D/t 的增大，衬管加劲的改善效果下降。采用对拉钢板加劲的试件，其承载能力和延性较未加劲试件略有提高。

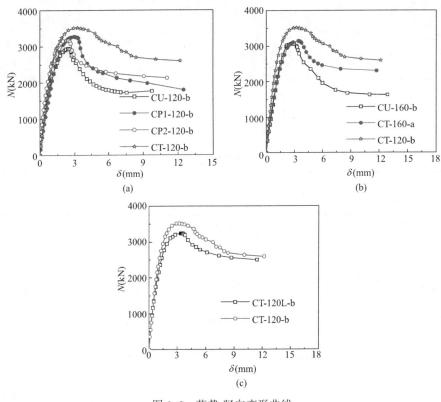

图 3.6　荷载-竖向变形曲线

(a) 第一组；(b) 第二组；(c) 第三组

表 3.4 为基于荷载-竖向变形曲线计算得到的轴压力学性能指标，其中各参数的定义方式与 2.2.2 节相同。计算各试件的刚度系数（KI）、强度提高系数（SI）和延性系数（DI），绘制直方图，如图 3.7 所示。

| 力学性能指标 | | | | | | | | | 表 3.4 |

试件	$\rho(\%)$	K (10^6kN)	K_0 (10^6kN)	KI	$N_u(\text{kN})$	$N_0(\text{kN})$	SI	$\varepsilon_u(10^{-6})$	DI
CU-120-b	3.2	1.51	1.60	0.94	2942.1	2431	1.02	4704	2.15
CU-160-b	2.5	1.20	1.59	0.75	3079.0	2342	1.09	4438	1.94
CT-120-b	6.3	1.76	1.83	0.96	3519.5	3013	1.03	4473	4.19
CT-120L-b	6.6	1.58	1.86	0.85	3243.4	2663	0.93	4801	3.45
CT-160-a	4.8	1.22	1.82	0.67	3149.1	2821	0.97	4851	2.28
CP1-120-b	5.1	1.67	1.74	0.96	3170.4	2820	0.99	3472	2.40
CP2-120-b	4.8	1.90	1.71	1.11	3274.8	2767	1.03	4057	2.05

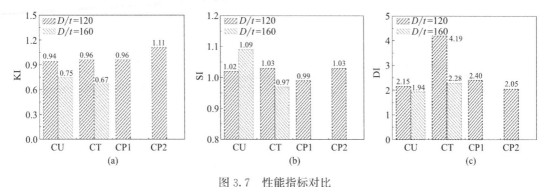

图 3.7　性能指标对比

（a）刚度系数；（b）强度提高系数；（c）延性系数

由表 3.4 和图 3.7，对不同参数试件的轴向刚度、截面承载力、延性讨论与分析如下。

（1）轴向刚度

除试件 CP2-120-b 外，$D/t=120$ 和 $D/t=160$ 的未加劲试件和加劲试件的轴压刚度分别比名义轴向刚度降低了 5% 和 25% 以上。加劲肋增加了试件的含钢率，提高了薄壁钢管混凝土柱的初始刚度，但并没有提高试件的刚度系数 KI。

（2）截面承载力

尽管试件钢管的径厚比 D/t 超出了规范限值，但两根未加劲薄壁钢管混凝土试件的实测承载力仍能达到截面参数所确定的名义承载力，主要原因是圆钢管的约束效应提高了核心混凝土抗压强度。方衬管和对拉钢板加劲肋能在一定程度上提高圆钢管混凝土柱的轴压承载力，但没有增大强度提高系数。对于方衬管加劲试件，当 D/t 从 120 增大到 160 时，试件的轴压承载力降低 10%，当钢材强度等级从 S355 降低到 S235 时，方衬管加劲试件的轴压承载力降低约 8%。

（3）延性

方衬管加劲肋能显著改善薄壁圆钢管混凝土轴压短柱的延性和变形能力，试件 CT-120-b 的平均峰值轴向应变与试件 CU-120-b 相差不大，但前者的延性系数是后者的近两倍。当方衬管加劲试件的钢管壁厚由 2.0mm 减小到 1.5mm，试件的延性系数降低约 50%。在本书参数范围内，对拉钢板加劲肋改善延性的效果不理想。

3.2.3　钢管应力发展

根据试验得到的圆钢管应变数据，采用与方钢管同样的应力分析方法，假定钢材为理想弹塑性模型，计算得到圆钢管各测点钢管应力-荷载关系曲线，如图 3.8 所示。

各试件的钢管应力-荷载曲线有相似的变化趋势，在加载初期，钢管纵向应力增长与轴压荷载呈线性关系，环向应力变化微小，此时钢管主要承受纵向荷载，对混凝土几乎无约束作用。当轴压荷载接近峰值荷载时，钢管纵向应力临近最大值，此后逐渐减小，而环向应力开始增大，对混凝土产生有效约束作用。方衬管/对拉钢板加劲试件与未加劲试件相比，没有明显的优势。相反由于加劲试件更容易出现钢材或焊缝的断裂，可能会使得纵向应力在达到屈服点后迅速下降。

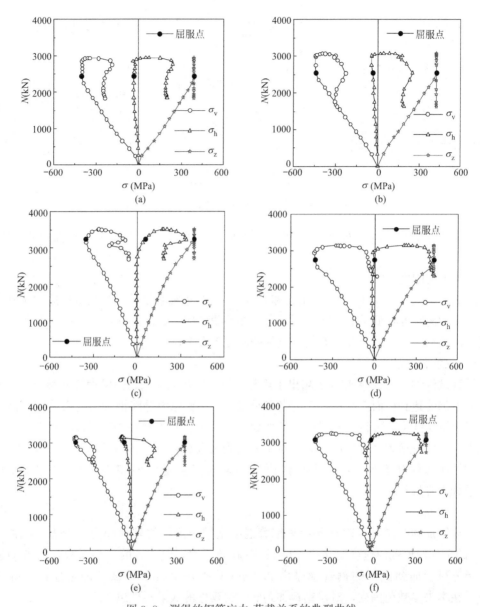

图 3.8 测得的钢管应力-荷载关系的典型曲线

（a）CU-120-b；（b）CU-160-b；（c）CT-120-b；（d）CT-160-a；（e）CP1-120-b；（f）CP2-120-b

3.3 偏压试验结果分析

3.3.1 试验现象及破坏模式

以 CT-120-21 试件为例，对 DIC 观测结果进行分析，见图 3.9。加载至 $75\%N_u$ 前，受压侧钢管 DIC 观测区纵向位移场从上到下逐渐增大，变化均匀；达到 N_u 时，钢管 DIC 观测区中部右侧出现两个小区域圆状灰色斑点，说明该区域钢管开始形成局部屈曲；与此同时，DIC 观测区以外的上部与下部钢管出现较大程度的局部屈曲；当荷载下降至 95％ N_u 时，中间区域灰色斑点进一步扩散并横跨整个截面；当荷载下降至 90％N_u 时，中部与两端的局部屈曲进一步发展，形成受压侧钢管的最终屈曲模态。

$0.60N_u$	$0.75N_u$	N_u	$0.95N_u^*$	$0.90N_u^*$

图 3.9　钢管 DIC 位移场分析

图 3.10 为典型薄壁圆钢管混凝土偏压短柱试件的破坏模式。表 3.5 汇总了所有试件的破坏特征。与薄壁圆钢管混凝土轴压试件相比，偏压试件的破坏特征同样耦合了钢管局部屈曲、混凝土压溃和钢管与焊缝的断裂，但整体上表现为弯曲破坏。

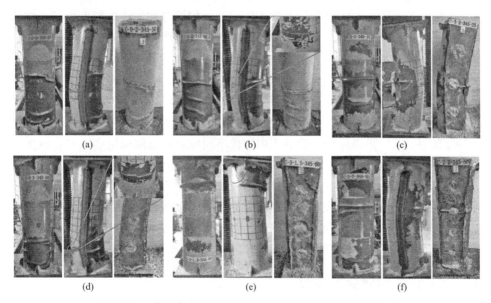

图 3.10　典型薄壁圆钢管混凝土偏压短柱试件的破坏模式

(a) CU-120-42；(b) CU-120-52；(c) CT-120-21；(d) CT-120-42；(e) CT-160-42；(f) CP2-120-42

薄壁圆钢管混凝土偏压短柱试件破坏特征　　　　　　　　　　表 3.5

试件编号	钢管屈曲发展历程	破坏位置	钢管断裂	加劲肋
CU-120-21	底端→柱高 1/4	柱高 1/4 处	否	无
CU-120-42	底端→柱高 1/4、柱中	柱高 1/3 处	否	无
CU-120-52	柱高 1/4→柱高 1/3→柱中	柱高 1/3 处	受拉侧柱高 1/3 处	无

续表

试件编号	钢管屈曲发展历程	破坏位置	钢管断裂	加劲肋
CU-160-42	底端→柱中	柱高1/3处	受拉侧柱高1/3处	无
CT-120-21	柱高1/4、柱高3/4→柱中	柱中	受压侧柱中部	屈曲
CT-120-42	柱高1/4	柱高1/4处	柱高1/4处	屈曲＋断裂
CT-120-52	底端→柱中、柱高3/4	柱中	否	屈曲
CT-160-42	柱高3/4	柱高3/4处	自顶端中和轴处向下撕裂	屈曲
CP2-120-42	底端→柱中、柱高3/4	柱中	否	屈曲
CP2-160-42	底端→柱中、柱高3/4	柱中	受拉侧柱高1/3处	无明显屈曲

大部分试件的初始屈曲出现在柱底端或靠近底端处，但最终破坏位置集中于柱中或柱中下部，且受压侧一般形成2~3处局部屈曲。屈曲周围受压侧混凝土被严重压溃，受拉侧混凝土在破坏位置周围分布有密集的水平裂缝，裂缝向混凝土受压侧延伸并逐渐变小，属于典型的弯曲破坏。加劲试件的加劲肋也发生了弯曲破坏，且屈曲位置与外钢管屈曲相对应；此外，CT-120-42试件的加劲肋在受拉侧出现了撕裂。

与轴压试件钢管沿纵向焊缝断裂不同，偏压试件主要发生位于圆钢管受拉侧的横向断裂，并主要出现于偏心率较大或宽厚比为160的试件中。横向断裂发生于峰值荷载后，此时圆钢管受拉侧处于较大的双向受拉状态，且纵向拉应力占主导，因此易产生横向断裂。对于偏心率较小的CT-120-21试件，其圆钢管沿受压侧焊缝在加载末期发生了一定程度的纵向断裂。分析认为，塞焊的存在削弱了此处钢管的受拉性能，同时方形衬管限制了外钢管的均匀膨胀，两种不利因素共同作用使得外钢管出现纵向断裂。CT-160-42试件破坏模式存在异常，发生了受拉侧钢管与端板焊缝处的断裂破坏，钢管受压侧在上四等分点处出现局部屈曲，其他部位无明显变形，没有发生预期的弯曲破坏。

图3.11为典型偏压短柱试件在不同荷载等级下不同水平位移测点得到的试件侧向挠度沿柱高分布图。图中横坐标为加载过程中试件不同位置处的侧向挠度（v），纵坐标为试件上各点到柱底的高度（L），n为考察荷载（N）与峰值荷载（N_u）的比值。

试件达到$50\%N_u$前，各测点截面的侧向挠度较小，变形轻微，继续加载，侧向挠度持续增长，超过N_u后侧向挠度值迅速提高。衬管加劲试件的侧向挠度曲线更接近于正弦半波形曲线，其最大值一般出现在柱中部位移测点处，而未加劲试件的柱高四分之一和柱中处挠度接近。设置衬管加劲肋可一定程度上增加试件在达到N_u后各荷载等级下的最大挠度。

3.3.2 荷载-柱中横向变形曲线

图3.12为偏压短柱试件的荷载-柱中横向变形曲线。在偏心率为42%的情况下，大间距对拉钢板及方钢管加劲试件与未加劲试件相比，峰值承载能力有一定程度的提升。所有试件的N-v曲线连续光滑，荷载下降缓慢，弹塑性阶段发展充分。由图3.13对不同参数试件的峰值荷载、柱中峰值点位移讨论如下：

（1）峰值荷载

随着荷载偏心率的增大，试件承载力不断降低，但偏心率从42%提高至52%，峰值承载力下降不明显。在偏心率为42%的情况下，采用大间距对拉钢板和方衬管加劲，比未

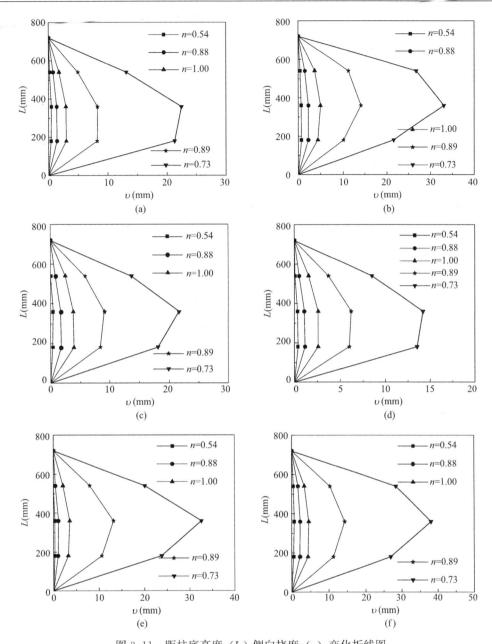

图3.11　距柱底高度（*L*）-侧向挠度（*υ*）变化折线图

（a）CU-120-42；（b）CP2-120-42；（c）CP2-160-42；（d）CU-120-21；（e）CT-120-21；（f）CT-120-52

加劲试件轴向承载力分别提高 15.4% 和 7.3%。圆钢管和内衬管的公称壁厚从 2.0mm 减小到 1.5mm（D/t 从 120 增大到 160），偏心率为 42% 的 CU、CP2 试件的轴向承载力分别降低了 5.9% 和 8.6%，但 CT 试件提高了 5.8%。

（2）柱中峰值点位移

对比偏心率为 42% 的试件，采用大间距对拉钢板，峰值点位移比未加劲试件提高 70%，而采用方补管加劲，峰值点位移与未加劲试件相接近。圆钢管和加劲板的公称壁厚从 2.0mm 减小到 1.5mm（D/t 从 120 增大到 160），偏心率为 42% 的 CU、CP2 试件的柱中峰值点位移分别降低了 3.1％和 23.6％，但 CT 试件提高了 45.6％。在本书参数范围内，偏心率对方钢管加劲试件峰值点位移 δ_u 的影响规律不明显。

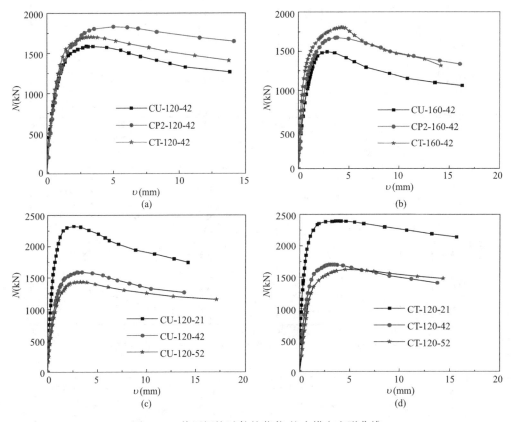

图 3.12　偏压短柱试件的荷载-柱中横向变形曲线
（a）圆形截面不同加劲形式；（b）圆形截面不同加劲形式；
（c）圆形截面不同偏心距；（d）圆形截面不同偏心距

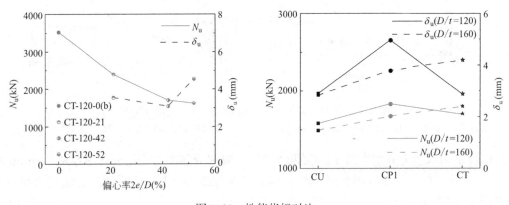

图 3.13　性能指标对比

3.3.3　钢管应力发展

图 3.14～图 3.16 为典型圆形偏压短柱试件各测点的荷载-应力关系曲线。钢管在屈服

前，受压侧纵向应力均为压应力，并且大致与荷载同步增长。屈服后直至达到峰值荷载，纵向压应力保持不变或略有减小；受拉侧纵向应力均为拉应力，且钢管外侧纤维受拉屈服时一般对应于试件的峰值荷载或荷载下降段。荷载下降时，纵向拉应力变化较小，环向应力出现较快增长。

与加劲试件相比，未加劲试件的曲线更加平滑连续，这主要是由于圆钢管具有良好的对称性，其应力分布更加均匀。设置加劲肋后，由于塞焊点的存在，易产生应力集中，影响应力发展的连续性。

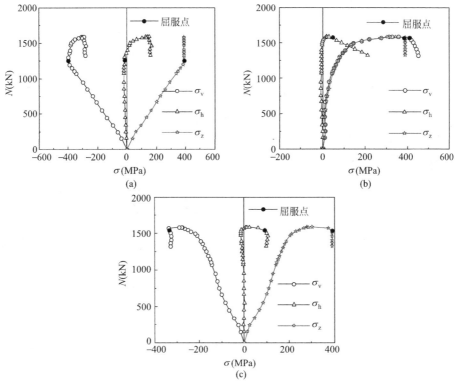

图 3.14　CU-120-42 试件各测点荷载-应力关系曲线

（a）受压侧；（b）受拉侧；（c）截面几何中轴线

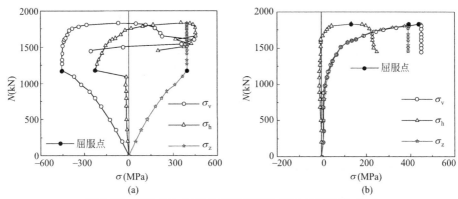

图 3.15　CP2-120-42 试件各测点荷载-应力关系曲线（一）

（a）受压侧；（b）受拉侧

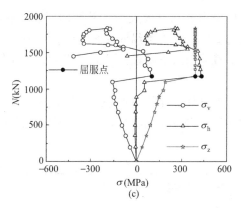

图 3.15 CP2-120-42 试件各测点荷载-应力关系曲线（二）

（c）截面几何中轴线

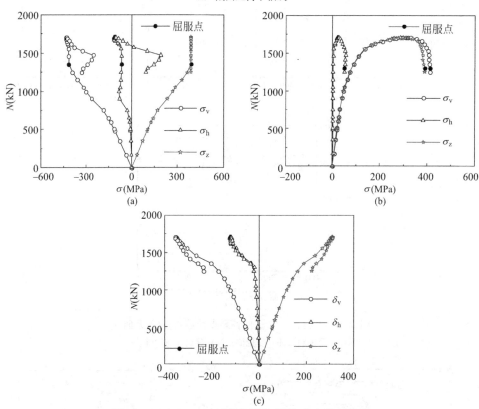

图 3.16 CT-120-42 试件各测点荷载-应力关系曲线
（a）受压侧；（b）受拉侧；（c）截面几何中轴线

3.4 有限元分析

3.4.1 有限元模型的建立与验证

（1）有限元模型的建立

本章所建立的薄壁圆钢管混凝土柱有限元模型在钢材材料本构、单元类型与网格划分、接触与约束关系、边界条件与加载方式以及初始缺陷等方面与本书第 2 章方形截面有限元模型保持一致。在混凝土材料本构方面，仍采用韩林海[2] 提出的核心混凝土本构模型；但通过对本章试验结果的分析可知，方衬管及对拉钢板加劲试件的强度提高系数与延性较未加劲试件并没有提高，说明加劲肋并不能有效提高钢管对核心混凝土约束作用，因此在本章薄壁圆钢管混凝土有限元模型中不考虑加劲肋对混凝土本构模型的影响，即仅考虑圆钢管对核心混凝土提供约束作用。此外，考虑到圆形轴压试件的约束效果比方钢管强，混凝土强度提升更明显，因而在设置混凝土塑性损伤模型参数时，取膨胀角为 45°。

（2）有限元验证

图 3.17、图 3.18 为有限元模型预测的破坏模式与典型试验结果的对比。对于轴心受压构件，有限元可较准确地预测试件在轴压荷载下产生的腰鼓变形和混凝土压溃，但对于薄壁钢管的屈曲模态和混凝土的剪切破坏的模拟效果不理想。对于偏心受压构件，有限元可以模拟试件在偏心荷载作用下产生的弯曲变形和混凝土压溃，但由于模型没考虑焊缝等因素对试件受力性能的影响，对钢管初始屈曲部位的模拟与实际有所出入。

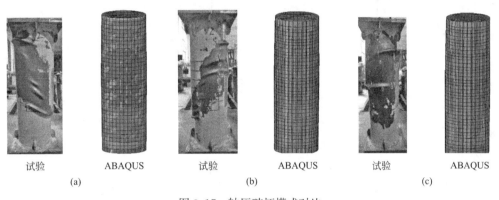

图 3.17　轴压破坏模式对比

（a）CU-120；（b）CP1-120；（c）CT-120

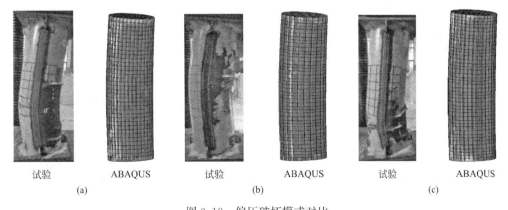

图 3.18　偏压破坏模式对比

（a）CU-120-42；（b）CP2-160-42；（c）CT-160-42

图 3.19、图 3.20 为有限元模型预测的荷载-竖向变形曲线与典型试验结果的对比，其中图例 FEA 表示不考虑初始缺陷所得的有限元模拟结果，图例 FEA-D 表示考虑初始缺陷

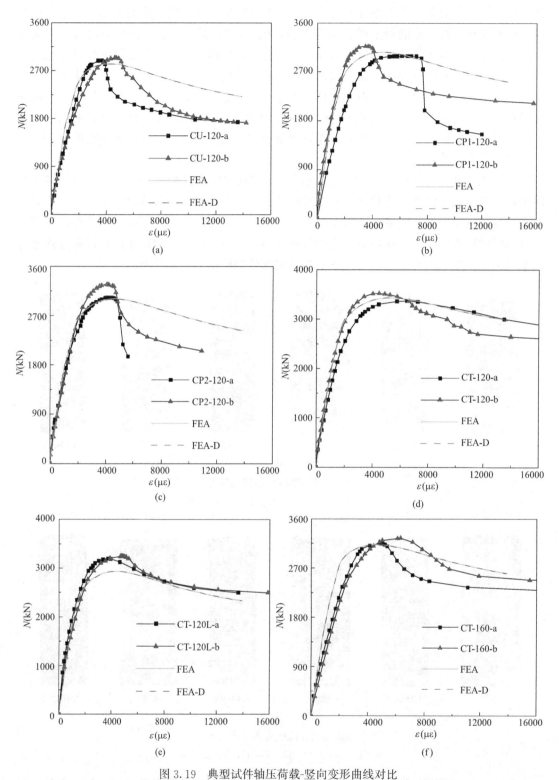

图 3.19　典型试件轴压荷载-竖向变形曲线对比
(a) CU-120；(b) CP1-120；(c) CP2-120；(d) CT-120；(e) CT-120L；(f) CT-160

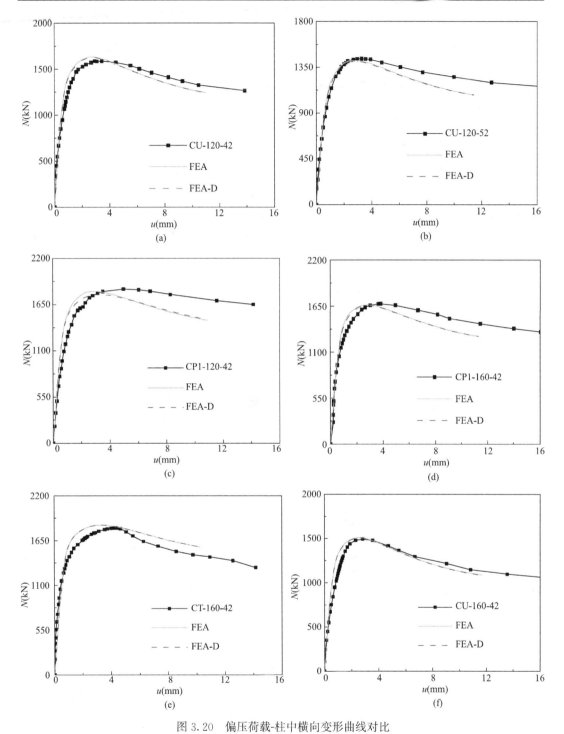

图 3.20　偏压荷载-柱中横向变形曲线对比

（a）CU-120-42；（b）CU-120-52；（c）CP1-120-42；（d）CP1-160-42；（e）CT-160-42；（f）CU-160-42

所得的有限元模拟结果。对于轴压试件，由于部分试验试件因焊缝断裂而过早破坏，而有限元建模时并没考虑纵向焊缝对试件受力的影响，因此荷载-应变曲线的刚度退化段模拟效果较差，但 ABAQUS 还是能较好地预测试件的极限承载力和前期刚度。对于偏压试件，由于部分试件在试验中发生非预期的破坏模式，有限元难以考虑实际可能存在的各种缺陷，部分试件的曲线略有差异，但模拟的极限承载力和刚度与试验吻合良好。综上，通过破坏模式和荷载-位移曲线的对比，验证建模方法的合理性。此外，与薄壁方钢管混凝土有限元模型相类似，初始缺陷对薄壁圆钢管混凝土柱的受压性能的影响较小，在有限元参数分析中不予考虑。

3.4.2 轴压有限元分析

基于试验研究结果，方衬管及对拉钢板加劲肋对提高薄壁圆钢管混凝土柱受力性能的作用非常有限，本节仅对工程中常用的未加劲薄壁圆钢管混凝土柱（CU）和直肋加劲薄壁圆钢管混凝土柱（CP）进行受力分析。建立与 CU-120 等用钢量、外部尺寸相同的 CP-120 模型，并对加载过程中三个特征时刻（见本书第 2 章图 2.18）钢管与核心混凝土的应力发展情况进行分析。

（1）CU-120

基于由有限元计算结果绘制的系列应力云图（图 3.21～图 3.23），对模型各部件应力发展情况进行分析：

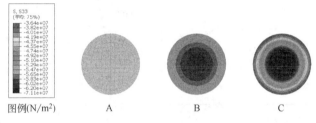

图 3.21 混凝土柱中截面纵向应力

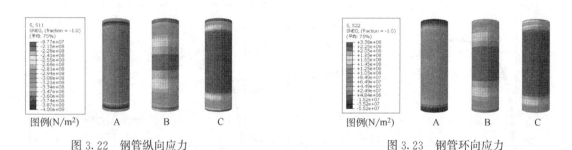

图 3.22 钢管纵向应力　　　　　　　图 3.23 钢管环向应力

• A 点：核心混凝土的纵向应力在柱中截面的发展水平较均匀，压应力均值为 43.46N/mm^2。柱中部的钢管屈服，屈服区域随荷载施加不断向柱端发展。模型无明显变形，钢管和混凝土沿柱高方向的应力分布较均匀。

• B 点：核心混凝土在柱中截面的压应力均值为 56.72N/mm^2，应力水平较 A 点有明显增长，应力图形由内向外呈多个应力递减的同心圆，从应力等值线可以看出圆钢管能为核心混凝土提供均匀的约束作用。圆钢管大部分区域屈服，柱身中部钢管的纵向应力减小而环向应力增长，钢管的受力模式从直接承担竖向荷载向横向约束混凝土变形转变。

• C 点：核心混凝土在柱中截面压应力均值为 51.69N/mm^2，由于钢管的约束作用，改善了混凝土的受力性能，加载后期材料充分塑性变形但整体应力水平没有明显降低。随外部混凝土退出工作，靠近核心区的混凝土应力水平进一步提高，应力梯度更明显。钢管从中部往端部发生明显的纵向应力衰减和环向应力增长的现象，钢管的侧向约束效应是维持模型后期强度的关键。

（2）CP-120

基于由有限元计算结果绘制的系列应力云图（图 3.24～图 3.28），对模型各部件应力发展情况进行分析：

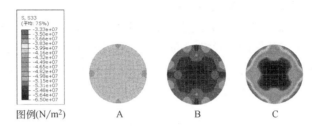

图 3.24　混凝土柱中截面纵向应力

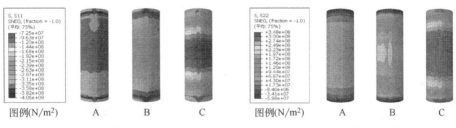

图 3.25　钢管纵向应力　　　　　　图 3.26　钢管环向应力

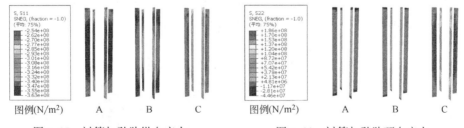

图 3.27　衬管加劲肋纵向应力　　　　图 3.28　衬管加劲肋环向应力

• A 点：核心混凝土在柱中截面的纵向应力发展水平较均匀，压应力均值为 40.94N/mm²。此时模型无明显变形，圆钢管柱端钢材率先屈服，柱中部钢管的环向应力逐渐增长。

• B 点：核心混凝土在柱中截面的纵向压应力均值为 52.83N/mm²，较 A 点有明显增长。由于加劲肋与圆钢管形成的角部区域刚度较大，改变了圆钢管均匀的约束效果，应力图形主要呈中部应力高、四周应力低，截面边缘加劲肋处混凝土应力增长较快。钢管和加劲肋绝大部分区域屈服；钢材的纵向应力发生明显衰减，模型整体腰鼓状变形使得柱身中部钢材环向应力迅速增长。

• C 点：核心混凝土在柱中截面的纵向压应力均值为 $51.46 \mathrm{N/mm^2}$，由于钢管的约束作用限制了混凝土的裂缝开展，在外围混凝土退出工作时，核心区域的混凝土仍有较高的承载能力。圆钢管和加劲肋的纵向应力进一步减小而环向应力持续增长，环向应力的增长使得模型仍具有较好的承载性能和变形能力。

（3）模型对比

根据以上对单一模型的应力全过程分析发现，与加劲薄壁方钢管混凝土模型不同，圆钢管混凝土模型主要依赖圆钢管提供约束作用，而加劲肋主要承载竖向荷载，对核心混凝土的约束效果无明显影响。为比较两种模型在受力性能方面的差异，对两者在峰值荷载时刻的变形情况、应力分布情况，以及不同位置处各部分的承载力贡献进行分析：

① 图 3.29 为峰值荷载作用时模型的变形图，为利于观察钢材的变形情况，水平方向的变形缩放系数取 8。由图可以看出，圆形模型以整体腰鼓状变形为主，圆钢管在荷载作用下无明显屈曲问题，钢管和混凝土的有效贴合，限制混凝土的环向变形。

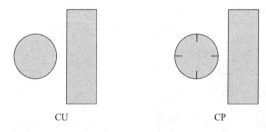

图 3.29　B 点柱中截面和竖向对称面剖切图

② 图 3.30、图 3.31 分别为峰值荷载作用下 CU 模型和 CP 模型圆钢管纵向应力分布和柱中截面混凝土纵向应力分布。内部混凝土限制了钢管的屈曲，峰值荷载下钢管的纵向应力分布较均匀；模型以整体腰鼓变形为主，使得中部钢管的纵向应力水平比端部小。从图 3.31 可以看出 CU 模型的核心混凝土应力峰值和整体应力水平比 CP 模型高，因为两种模型的约束作用由圆钢管提供而 CU 模型壁厚较厚。

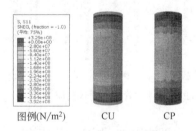
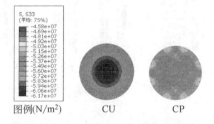

图 3.30　B 点圆钢管纵向应力　　　　图 3.31　B 点柱中截面混凝土纵向应力

③ 图 3.32 为柱中截面荷载-顶部位移曲线，两模型前期的刚度基本相同，但壁厚较厚的 CU 模型由于更强约束作用，具有更高的极限承载力。两模型的钢管均先于构件达到峰值承载力并发生屈服，而核心混凝土所承担的竖向荷载在钢管竖向强度退化的情况下继续增长，构件的峰值承载力与核心混凝土的峰值承载力有较好的对应关系。加劲肋主要以承担竖向荷载为主，其屈服后纵向应力基本不会发生退化，对改善核心混凝土约束作用的影响微小。

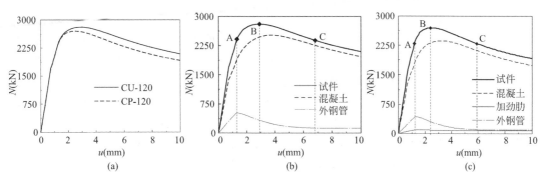

图 3.32　柱中截面荷载-顶部位移曲线

(a) 曲线对比；(b) CU-120；(c) CP-120

④ 图 3.33、图 3.34 为两模型不同特征点下沿柱高方向的轴力分布情况。加载前期，模型处于弹性阶段，各部件承担的轴力比例沿高度基本保持不变。峰值荷载时刻，材料塑性发展，模型发生明显的应力重分布现象，由柱身中部向柱端混凝土承担的轴力比例逐渐减小。C 点时刻模型中部鼓曲更加明显，钢材竖向强度退化使其承担的荷载比例进一步减小。由于 CR 模型的加劲肋两侧均有混凝土的填充，充分限制其屈曲，加劲肋承担的荷载比例沿高度基本不变，也侧面说明加劲肋以直接受力为主，对混凝土约束作用的改善有限。

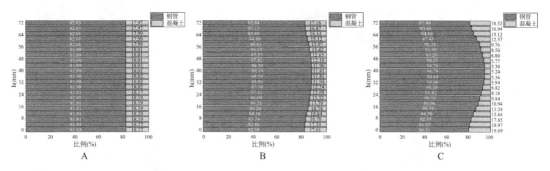

图 3.33　CU 模型不同高度各部件承担的轴力比例

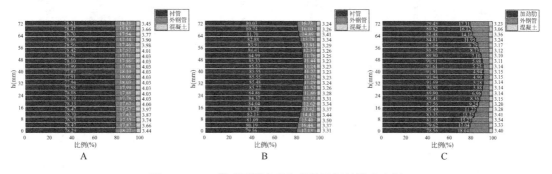

图 3.34　CP 模型不同高度各部件承担的轴力比例

3.4.3　偏压有限元分析

（1）CU-120-42

基于由有限元计算结果制成的系列应力云图（图 3.35～图 3.38），对模型各部件应力发展情况进行分析：

• A点：核心混凝土在柱中截面的纵向压应力均值为 $21.44N/mm^2$，偏心荷载作用下截面边缘混凝土出现拉应力，纵向应力沿偏心方向呈线性变化，基本符合平截面假定。钢管的纵向应力分布均匀，受压侧柱中部的钢材开始屈服，模型无明显变形。

• B点：核心混凝土在柱中截面的纵向压应力均值为 $34.97N/mm^2$，随荷载增加，混凝土整体应力水平较A点有明显增长；受压侧边缘混凝土的环向变形受到钢管约束致使强度提升，且提升效果与模型的侧向挠曲程度相关。此时，受压侧钢材大部分已经屈服，柱身中部钢材的纵向应力有所减退；截面弯矩的增加使得受拉侧钢材的纵向应力迅速增长并使钢材屈服；钢管不断增长的环向应力有效约束了混凝土的变形，模型整体变形情况良好。

• C点：核心混凝土在柱中截面的纵向压应力均值为 $33.12N/mm^2$，边缘混凝土的压碎使得截面应力水平有所下降；中部混凝土的裂缝开展受到钢管限制，因而后期还能承担较大比例的竖向力。模型挠曲变形更加明显，钢管受压侧纵向应力明显减小而受拉侧纵向应力持续增长，受压侧钢管环向应力的增长使得模型刚度退化平稳。

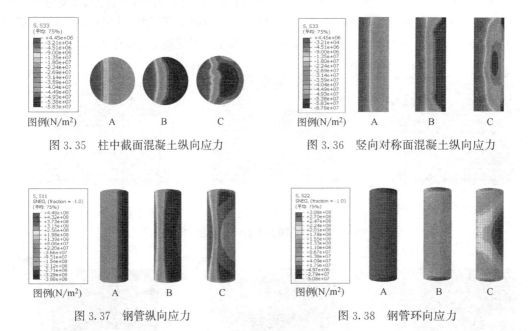

图 3.35　柱中截面混凝土纵向应力　　　　图 3.36　竖向对称面混凝土纵向应力

图 3.37　钢管纵向应力　　　　　　　　图 3.38　钢管环向应力

（2）CP-120-42

基于由有限元计算结果制成的系列应力云图（图3.39～图3.44），对模型各部件应力发展情况进行分析：

• A点：核心混凝土在柱中截面的纵向压应力均值为 $20.34N/mm^2$，偏心荷载作用下截面边缘混凝土出现拉应力，纵向应力沿偏心方向呈线性变化，基本符合平截面假定。方钢管的纵向应力分布均匀，受压侧柱中部钢管屈服，模型无明显变形。

• B点：核心混凝土在柱中截面的纵向压应力均值为 $31.52N/mm^2$，由于加劲肋改变了圆钢管的约束效果，受压侧加劲肋附近混凝土的压应力增长较快。此时，受压侧钢管基本屈服，受拉侧中部钢管屈服；圆钢管受压侧钢材纵向应力衰减而环向应力增长，而加劲肋的纵向压应力较 A 有所增长。模型发生整体弯曲变形。

- C 点：核心混凝土在柱中截面的纵向压应力均值为 $29.92N/mm^2$，受压边缘混凝土退出工作，由于加载后期核心混凝土仍受到较好的约束作用，整体应力水平虽有下降但程度轻微。受压侧钢管和加劲肋的纵向应力减退，而环向应力较 B 点进一步增长；受拉侧钢材应力增长较快，钢材屈服区域由柱身中部向端部扩张。

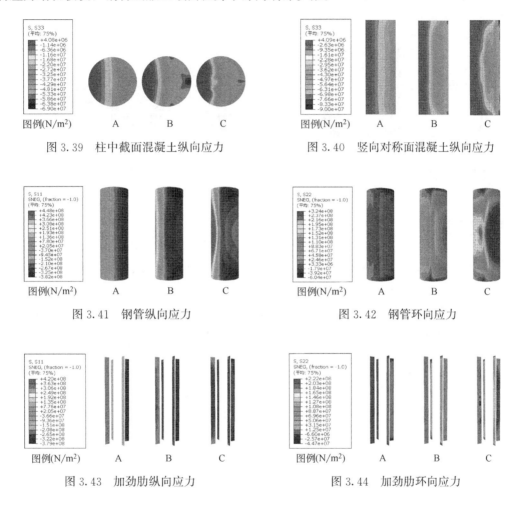

图 3.39　柱中截面混凝土纵向应力　　　　图 3.40　竖向对称面混凝土纵向应力

图 3.41　钢管纵向应力　　　　　　　　图 3.42　钢管环向应力

图 3.43　加劲肋纵向应力　　　　　　　图 3.44　加劲肋环向应力

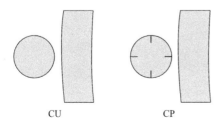

图 3.45　B 点柱中截面和
竖向对称面剖切图

（3）模型对比

为对比 CU 模型和 CP 模型在受力性能方面的差异，对两种模型在峰值荷载时刻的变形情况、应力分布情况，不特征时刻下不同位置处各部件的承载力贡献进行分析：

① 图 3.45 为峰值荷载作用时不同视角下模型的变形图，为利于观察钢材的变形情况，水平方向的变形缩放系数取 8。两种模型变形情况基本一致，均以整体弯曲变形为主，并未观测到钢管有屈曲问题；圆钢管与混凝土贴合紧密，有效限制了混凝土的环向变形。

② 图 3.46、图 3.47 分别为峰值荷载作用下外钢管纵向应力分布和柱中截面混凝土纵向应力分布。CU 模型和 CP 模型在峰值荷载下的纵向应力分布较为相似，在受压侧均出现中部钢材纵向应力略低于其他高度处的现象。圆形试件主要依靠圆钢管提供约束作用，CU 模型的钢管稍厚，为柱中截面混凝土提供了更强的约束，整体应力水平更高。由于加劲肋会改变圆钢管的约束效果，CU 模型和 CP 模型柱中截面混凝土纵向应力分布略有差异。

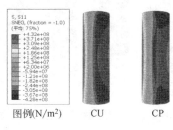

图 3.46 B点圆钢管纵向应力

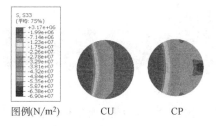

图 3.47 B点柱中截面混凝土纵向应力

参考文献

[1] 中华人民共和国住房和城乡建设部. 钢管混凝土结构技术规范：GB 50936—2014 [S]. 北京：中国建筑工业出版社，2014.

[2] HAN L H，YAO G H，TAO Z. Performance of concrete-filled thin-walled steel tubes under pure torsion [J]. Thin-Walled Structures，2007，45（1）：24-36.

第 4 章　薄壁方钢管混凝土柱抗震性能

为研究不同加劲形式下薄壁方钢管混凝土柱的抗震性能，本章设计完成两批共 19 个试件在恒定轴压力和水平往复荷载作用下的抗震性能试验，研究参数包括塑性铰区加劲肋形式（无加劲肋、四角斜肋、内衬圆钢管加劲肋、内衬八边形钢管加劲肋）、钢管宽厚比、轴压比、钢材强度等级和加劲肋连接方式（塞焊或自攻螺钉）。通过试验，获得加劲薄壁方钢管混凝土柱的破坏模式、荷载-位移滞回曲线、钢管应变发展曲线等，分析不同参数下薄壁方钢管混凝土柱的滞回机理、屈曲发展机制、断裂特性等，从刚度退化、变形性能和耗能能力等方面对加劲薄壁方钢管混凝土柱的抗震性能进行评估。建立基于 OpenSees 软件的纤维数值模型，实现对薄壁方钢管混凝土柱滞回性能的有效预测；对轴压比、钢管宽厚比、柱长细比、加劲肋厚度、材料强度等级等参数进行拓展参数分析，探明各参数对关键滞回性能指标的影响规律，揭示加劲肋对薄壁方钢管混凝土柱抗震性能的改善机理。

4.1　试验方案

4.1.1　试件设计

分两批共完成 19 个薄壁方钢管混凝土中长柱试件的拟静力试验研究。第一批试验共 7 个截面宽度 $B=270\text{mm}$ 的试件，包括 1 个未加劲试件（SU）、3 个四角斜肋加劲试件（SR）和 3 个内衬圆管加劲试件（SC）；加劲肋与外钢管通过纵向连续角焊缝连接，见图 4.1。试验主要参数为钢管宽厚比和轴压比。第二批试验共 12 个 $B=330\text{mm}$ 的薄壁方钢管混凝土试件，包括 3 个未加劲试件（SU）、6 个内衬八边形管加劲试件（SO）和 3 个内衬圆管加劲试件（SC）；加劲肋与外钢管通过非连续塞焊或自攻螺钉连接。试验主要参数为轴压比、钢材强度等级、塞焊点或自攻螺钉的纵向间距。

试件的具体参数见表 4.1，其中，t_l 为衬管或加劲板壁厚，h_l 为加劲区高度，d_s 是第二批试件中相邻塞焊点中心或自攻螺钉的纵向距离，试验轴压比 n 为施加于试件顶部轴压力 N_0 和构件截面名义强度（$A_s f_y + A_c f_c$）的比值。试件的命名方式根据试件主要参数确定，其中前两个字母代表试件的加劲形式，第二个数字代表钢管名义宽厚比，第三个数字代表轴压比，对于加劲试件，试件名最后一项代表方钢管与加劲肋的连接方式（cw 代表连续纵向焊缝，dw 代表非连续塞焊，s 代表自攻螺钉）。以 SO-120-0.4-dw60 为例，SO 代表八边形衬管加劲试件，120 代表方钢管名义宽厚比为 120，0.4 代表轴压比为 0.4，dw60 代表方钢管与内衬管加劲肋通过塞焊连接，且纵向距离为 60mm。第二批试件中钢材屈服强度是研究参数之一，通过试件名中是否包含 H 字母来区分，包含 H 字母代表钢管的强度等级为 Q420，其余试件钢管的强度等级为 Q345。此外，试件 SO-120-0.4-dw60 的破坏截面出现在加劲肋上部的非加劲区，为避免类似破坏模式的发生，试件 SO-120-

0.4-dw60（R）和 SO-120H-0.4-dw60（R）在未加劲区域的外表面通过贴焊钢板进行加固，在试件名中以字母 R 表示，试件加固细节见图 4.2。

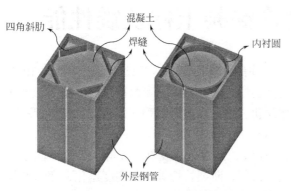

图 4.1　四角斜肋及内衬圆管方钢管混凝土柱示意　　　　图 4.2　试件加固示意

试件参数

表 4.1

试验批次	试件名	B (mm)	t (mm)	D/t	钢管等级	加劲类型	t_l (mm)	h_l (mm)	d_s (mm)	n	N_0 (kN)
1	SU-100-0.4	270	2.75	100	Q345	—	—	—	—	0.4	1468
	SR-80-0.4-cw	270	3.5	80	Q345	四角斜肋	3.5	300	—	0.4	1561
	SR-100-0.4-cw	270	2.75	100	Q345	四角斜肋	2.75	300	—	0.4	1468
	SR-120-0.4-cw	270	2.25	120	Q345	四角斜肋	2.25	300	—	0.4	1448
	SC-100-0.2-cw	270	2.75	100	Q345	内衬圆	2.75	300	—	0.2	734
	SC-100-0.4-cw	270	2.75	100	Q345	内衬圆	2.75	300	—	0.4	1468
	SC-100-0.6-cw	270	2.75	100	Q345	内衬圆	2.75	300	—	0.6	2202
2	SU-120-0.2	330	2.75	120	Q345	—	—	—	—	0.2	655
	SU-120-0.4	330	2.75	120	Q345	—	—	—	—	0.4	1310
	SU-120H-0.4	330	2.75	120	Q420	—	—	—	—	0.4	1294
	SO-120-0.2-dw60	330	2.75	120	Q345	内衬八边形	2.75	330	60	0.2	655
	SO-120-0.4-dw60	330	2.75	120	Q345	内衬八边形	2.75	330	60	0.4	1310
	SO-120-0.4-dw60（R）	330	2.75	120	Q345	内衬八边形	2.75	330	60	0.4	1310
	SO-120H-0.4-dw60（R）	330	2.75	120	Q420	内衬八边形	2.75	330	60	0.4	1294
	SO-120-0.4-s150	330	2.75	120	Q345	内衬八边形	2.75	330	150	0.4	1310
	SO-120-0.4-s75	330	2.75	120	Q345	内衬八边形	2.75	330	75	0.4	1310
	SC-120-0.4-dw60	330	2.75	120	Q345	内衬圆	2.75	330	60	0.4	1310
	SC-120-0.4-s75	330	2.75	120	Q345	内衬圆	2.75	330	75	0.4	1310
	SC-120-0.2-s75	330	2.75	120	Q345	内衬圆	2.75	330	75	0.2	655

　　图 4.3 为试件的尺寸及加工示意。试件包括薄壁钢管混凝土柱测试段和下部用于固定的钢管混凝土扩大墩柱，其中测试段薄壁方钢管插入到下部墩柱底部，并通过 20mm 厚环

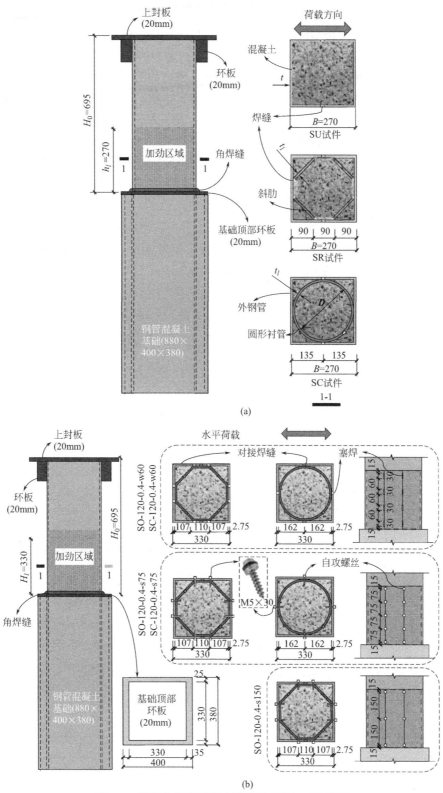

图 4.3　薄壁方钢管混凝土试件尺寸及加工示意图

(a) 第一批试件；(b) 第二批试件

板与墩柱顶部焊接连接，两批试件的测试段高度均为 695mm。

两批试件的钢管均采用薄壁钢板冷弯成形。第一批 SR 试件的斜肋在方钢管焊接前通过纵向角焊缝预焊到方钢管内侧；同批次 SC 试件的内衬圆管在方钢管焊接时放置于方钢管内，并通过纵向对接焊缝与方钢管连接。第二批试件的方钢管和内衬加劲管分别独立加工，其中方钢管和八边形管各有两道纵向对接焊缝，而圆钢管仅有一道纵向对接焊缝。加工好的方钢管和内衬加劲管通过塞焊或自攻螺钉连接，其中，塞焊孔长 30mm，宽 5mm，塞焊中心纵向间距 60mm；自攻螺钉直径 5mm，长 30mm，纵向间距 75mm 或 150mm。八边形衬管与方钢管侧面于纵向三等分线处连接，圆形衬管沿方钢管侧面纵向中心线处连接。

4.1.2 材料性能

钢板拉伸试验在重庆大学实验中心进行根据《钢及钢产品 力学性能试验取样位置及试样制备》GB/T 2975—2018[1]，在母材相应部位取样。第一批试件包括厚度分别为 2.25mm、2.75mm、3.5mm 的 Q355 钢板；第二批试件采用厚度均为 2.75mm 的 Q355 和 Q420 钢板。按照《金属材料 拉伸试验 第 1 部分：室温试验方法》GB/T 228.1—2010[2] 中的相关规定对材性试件进行拉伸试验，取其平均值作为最终试验结果，如表 4.2 所示。

钢材材料性能指标 表 4.2

试验批次	实测厚度（mm）	屈服强度（MPa）	抗拉强度（MPa）	强屈比 f_u/f_y
第一批	2.25	365.3	478.3	1.31
	2.75	323.5	428.0	1.32
	3.5	325.7	443.7	1.36
第二批	2.75	356.7	460.7	1.29
	2.75	457.0	592.7	1.30

两批试验分别按照《混凝土物理力学性能试验方法标准》GB/T 50081—2019[3] 制备各 12 个边长为 150mm 的混凝土立方体试块。混凝土立方体抗压试验在重庆大学土木工程学院实验中心进行。两批试验分别测得立方体抗压强度平均值 $f_{cu,150}$，如表 4.3 所示。根据 CEB-FIP model code 1990[4] 对混凝土立方体抗压强度进行转换，得到混凝土轴心抗压强度 f'_{cm}。混凝土弹性模量采用美国混凝土规范 ACI 318-11[5] 公式 $E_c=4700\sqrt{f'_{cm}}$ 进行计算。

混凝土材性试验结果（MPa） 表 4.3

批次	立方体抗压强度 $f_{cu,150}$	轴心抗压强度 f_c	弹性模量 E_c
1	71.8	58.0	35791
2	22.9	20.0	21003

4.1.3 加载与测量装置

薄壁方钢管混凝土柱滞回性能试验在重庆大学结构实验室进行。试验装置主要包括加载传力装置（竖向与水平千斤顶、L 形大梁、四连杆机构）和固定装置（压梁、锚杆、钢箱、千斤顶）。竖向千斤顶最大可施加 2400kN 轴压力，水平千斤顶最大可施加 2000kN 水平力。四连杆机构确保试验过程中 L 形大梁不发生转动，L 形大梁通过钢铰与试件顶部连接，铰心到试件上端板下表面的距离 $H_1 = 255\text{mm}$。通过两个压梁和锚杆将钢箱固定于地面，试件吊装置入钢箱，拉侧贴紧钢箱内壁，推侧由 2 个机械千斤顶固定，实现柱底刚接的边界条件，试件有效高度 $H_e = 930\text{mm}$。试验装置如图 4.4 所示。

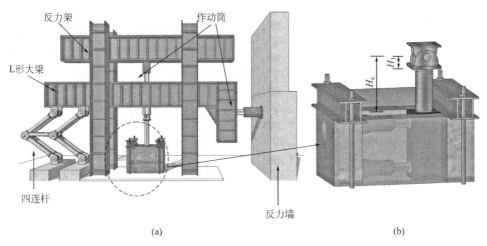

(a)   (b)

图 4.4 试验装置

（a）四连杆装置；（b）固定装置

为测量柱顶的水平位移，在钢铰位置平行布置 2 个量程为 ±100mm 的位移计，以相互校核位移读数。试件的位移测点布置如图 4.5 所示。本试验以距柱底 50mm、100mm 和 400mm 的截面为钢管应变测量截面，成对布置多个纵向和环向应变片。

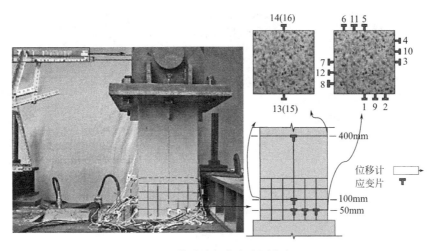

图 4.5 位移计与应变片测点布置

4.1.4　加载制度

根据《建筑抗震试验规程》JGJ/T 101—2015[6]，对薄壁方钢管混凝土柱进行滞回性能试验。试验正式加载前需进行竖向轴力预加载，确保装置各部分接触良好、测量装置读数正常[7]。正式加载阶段，竖向轴压力分三级加至预定荷载，水平荷载按照力-位移混合加载制度施加[8]，如图 4.6 所示。

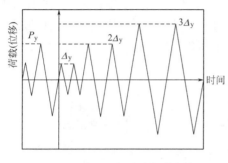

图 4.6　水平往复荷载加载方案

试件屈服前采用荷载控制并分级加载，每级荷载取接近屈服荷载 P_y 的 1/3，接近屈服时，荷载增加幅度减小，每级荷载循环 1 次，直到试件屈服；试件屈服后采用位移加载控制，以屈服时试件位移 Δ_y 的整数倍为级差分级加载，每级位移循环 2 次[9]，直到水平荷载下降至峰值荷载的 85% 时，停止加载，认为试件破坏。通过钢管应变片及骨架曲线的刚度变化来综合判断试件是否屈服。

4.2　试验现象及破坏模式

4.2.1　试验现象

图 4.7 为第一批试件的破坏特征图，总体来看，所有试件均发生弯曲破坏，塑性转角主要集中于柱底。距柱底约 150mm 处钢管鼓曲明显，距柱底 350～450mm 范围内（柱中）钢管轻微鼓曲，少数试件有钢管撕裂和焊缝开裂的现象。剥开试件外部钢管，发现核心区混凝土完整性较好，加劲肋与混凝土粘结良好，钢管局部屈曲处混凝土被压溃。以下列三个典型试件为例，简述试件的破坏过程，并采用水平位移角 DR（DR＝Δ/He）来说明不同位移等级。

(a)　　　　　　　　　　(b)　　　　　　　　　　(c)

图 4.7　第一批加劲试件破坏模式

(a) SU-100-0.4；(b) SR-100-0.4-cw；(c) SC-100-0.4-cw

① 试件 SU-100-0.4

当水平荷载小于 120kN 时，试件无明显变化。当水平荷载为 120kN 时，柱端出现轻微屈曲；当水平荷载为160kN时，柱底钢管受压侧的纵向应变首先达到屈服应变，此时DR＝0.43％；之后钢管在距离柱底约100mm处逐渐出现局部屈曲并发展为最终屈曲模态；DR＝1.44％时，试件达到峰值承载力，局部屈曲由受压侧向相邻侧面发展。试验结束后，剖开钢管发现柱底钢管屈曲位置混凝土被压溃。

② 试件 SR-100-0.4-cw

侧向荷载为160kN时，在柱底监测到钢管的初始屈服，此时DR＝0.38％；DR＝1.13％时，距柱底约50mm处钢管出现局部屈曲；DR＝1.93％时，试件达到峰值承载力，柱底出现较大的转角，初始屈曲发展为主屈曲。与未加劲试件相比，由于SR-100-0.4-cw试件的局部屈曲受四角斜肋的约束，使其在纵向的屈曲范围较窄，平面外鼓曲高度较小。DR＝2.63％时，钢管在主屈曲截面发生断裂，断裂发生在柱底斜肋焊缝处，并最终发展为V形断裂。剖开钢管后，发现主屈曲截面周围的混凝土被压溃，在钢管出现轻微的局部屈曲的斜肋上方，混凝土也有轻微损伤。

③ 试件 SC-100-0.4-cw

DR＝0.39％时，塑性铰处出现初始局部屈曲，钢管也发生初始屈服；DR＝0.78％时，距柱底约100mm处钢管出现局部屈曲，并逐渐发展为主屈曲；DR＝1.70％时，试件达到峰值承载力，钢管角部出现严重的局部屈曲；DR＝2.32％时，钢管角部断裂。试验结束前，试件一侧表面的纵向焊缝断裂，距柱底约400mm处钢管有轻微的屈曲现象。剖开钢管后发现方钢管与圆形衬管之间的混凝土在受压侧剥落，且衬管底部存在轻微屈曲。

图4.8为第二批试验的破坏特征图，试件均为弯曲破坏模式，除试件SO-120-0.4-dw60在加劲区域上方发生破坏外，其余试件的塑形转角均集中于柱底，多数试件钢管角部撕裂，少数试件钢管焊缝开裂。剖开试件外部钢管，核心区混凝土完整性较好，加劲肋与混凝土粘结良好，钢管鼓曲处混凝土局部压溃。以下列三个典型试件为例，简述试件的破坏过程。

图4.8 第二批加劲试件破坏模式
(a) SU-120-0.4；(b) SO-120-0.2-dw60；(c) SC-120-0.4-s75

① 试件 SU-120-0.4

水平荷载小于150kN时，试件无明显变化；水平荷载为150kN时，柱底钢管受压侧纵向应变首先达到屈服，在方钢管内逐渐形成局部屈曲，并发展成围绕柱底一周的最终屈曲形态。试验结束后剖开钢管，观察到屈曲处钢管与混凝土分离，混凝土被压溃。

② 试件 SO-120-0.2-dw60

水平荷载为170kN时，在柱底监测到钢管的初始屈服，此时位移角DR＝0.48％；

DR＝0.97％时，在距柱底约 390mm 处钢管发生局部屈曲；DR＝1.45％时，距柱底约 30mm 处再次发生屈曲，并逐渐发展为试件的主屈曲；DR＝2.9％时，试件达到峰值承载力，多次拉、压屈曲造成的累积损伤导致钢管角部发生断裂。混凝土的压碎主要发生在钢管角部。

③ 试件 SC-120-0.4-s75

水平荷载为 250kN 时，柱底钢管发生局部屈服，此时位移角 DR＝0.75％，且距柱底 110mm 处自攻螺钉断裂；DR＝5.27％时，钢管角部发生屈曲断裂。拆除方钢管后，柱底方钢管与圆形衬管之间的混凝土剥落，且衬管底部也存在局部屈曲。

4.2.2 破坏模式对比

表 4.4 汇总了两批薄壁方钢管混凝土柱抗震试验的主要破坏特征。对于第一批试件，加劲肋可推迟薄壁钢管初始局部屈曲的发生；受屈曲影响的区域和最终屈曲位置到柱底的距离按试件 SU、SC、SR 依次减小；在较大位移角下，SR 试件在钢管角部和斜肋焊缝处均发生断裂，而 SC 试件一般仅在钢管角部发生断裂；钢管宽厚比对 SR 试件的破坏模式没有显著影响；随着轴压比的增加，SC 试件钢管初始屈曲和断裂所对应的位移角减小，且屈曲波峰与柱底之间的距离增大。对于第二批试件，八边形/圆形衬管加劲肋可在一定程度上推迟薄壁钢管初始局部屈曲的发生；塞焊比自攻螺钉更能有效地增强方钢管与衬管之间的连接；受屈曲影响的区域和最终屈曲位置到柱底的距离按试件 SU、SC、SO 依次减小；位移角较大时，大部分试件钢管角部发生断裂；钢管的强度等级对破坏模式影响不大。加劲肋或加劲衬管的纵向连续、间断塞焊和自攻螺钉三种连接方式对于外钢管的屈曲限制作用依次减弱，但后面两种连接方式对外钢管的焊接损伤较小，尤其是自攻螺钉连接能有效延缓方钢管断裂现象发生。

试件破坏特征汇总 表 4.4

批次	试件	峰值荷载位移角	初始屈曲位移角	初始屈曲到柱端的距离(mm)	初始断裂位移角	断裂位置
1	SU-100-0.4	1.44％	0.24％	110	—	—
	SR-80-0.4-cw	1.98％	0.43％	50	3.44％&3.87％	焊接点&钢管角部
	SR-100-0.4-cw	1.93％	1.13％	40	2.63％&3.39％	钢管角部&加劲肋焊接点
	SR-120-0.4-cw	1.90％	0.48％	40	2.90％&3.39％	钢管角部&加劲肋焊接点
	SC-100-0.2-cw	2.16％	0.59％	55	4.14％	钢管角部
	SC-100-0.4-cw	1.70％	0.39％	60	2.32％&3.10％	钢管角部&侧焊缝
	SC-100-0.6-cw	1.72％	0.30％	70	2.11％	钢管角部
2	SU-120-0.2	1.49％	1.29％	160	3.87％	钢管角部
	SU-120-0.4	0.85％	0.65％	100	—	—
	SU-120H-0.4	0.97％	0.65％	150	2.26％	纵向焊缝
	SO-120-0.2-dw60	1.90％	1.45％	30	2.90％	钢管角部
	SO-120-0.4-dw60	1.35％	1.29％	45	—	—

批次	试件	峰值荷载位移角	初始屈曲位移角	初始屈曲到柱端的距离(mm)	初始断裂位移角	断裂位置
2	SO-120-0.4-dw60（R）	1.23%	0.54%	40	2.69%	钢管角部
	SO-120H-0.4-dw60（R）	1.47%	0.75%	35	3.01%	钢管角部
	SO-120-0.4-s150	1.70%	1.45%	70	4.35%	钢管角部
	SO-120-0.4-s75	1.43%	0.97%	50	2.90%	钢管角部
	SC-120-0.4-dw60	1.41%	0.97%	80	3.87%	钢管角部
	SC-120-0.4-s75	1.38%	0.75%	105	5.27%	钢管角部
	SC-120-0.2-s75	2.04%	1.18%	75	4.14%	钢管角部

4.3　试验结果分析

4.3.1　荷载-位移滞回曲线

图 4.9 为第一批试件的水平荷载-位移滞回曲线。总体而言，SR 和 SC 试件的滞回曲线面积较 SU 试件的更大，表明 SR 和 SC 试件的耗能能力更好。各试件加载初期，滞回曲线基本是一条过原点的直线，此时试件处于弹性阶段，残余变形较小。峰值荷载后，试件均表现出较高的塑性，残余变形较大，刚度退化显著，导致滞回曲线出现一定程度的捏

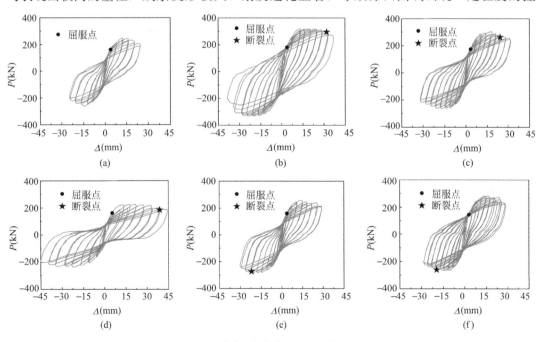

图 4.9　荷载-位移滞回曲线（第一批）

(a) SU-100-0.4；(b) SR-80-0.4-cw；(c) SR-100-0.4-cw；
(d) SC-100-0.2-cw；(e) SC-100-0.4-cw；(f) SC-100-0.6-cw

缩。随着钢管的宽厚比增大和轴压比减小，捏缩效应更加明显。在相同的循环位移下，由于混凝土损伤累积和钢管局部屈曲等，第二加载循环发生一定程度的强度退化。在滞回曲线中标注钢管断裂点，除试件 SC-100-0.6-cw 外，其余加劲试件均在钢管发生初次断裂后达到极限状态。

图 4.10 为第二批试件水平荷载-位移滞回曲线。总体而言，SO 和 SC 试件的滞回曲线

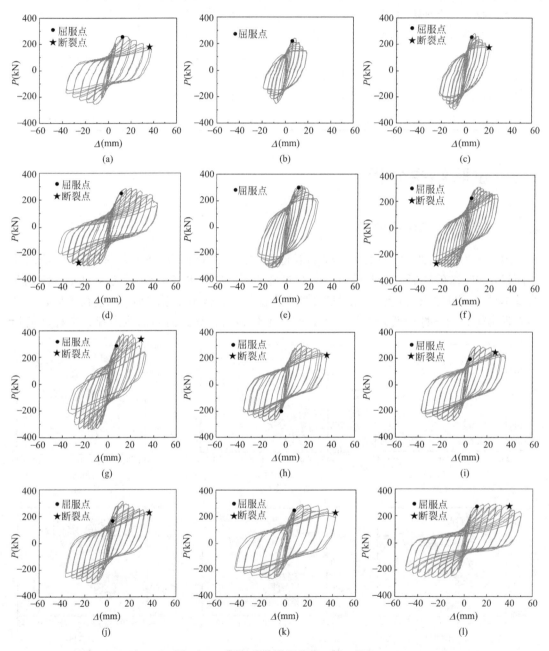

图 4.10　荷载-位移滞回曲线（第二批）

(a) SU-120-0.2；(b) SU-120-0.4；(c) SU-120H-0.4；(d) SO-120-0.2-dw60；(e) SO-120-0.4-dw60；
(f) SO-120-0.4-dw60（R）；(g) SO-120H-0.4-dw60（R）；(h) SO-120-0.4-s150；
(i) SO-120-0.4-s75；(j) SC-120-0.4-dw60；(k) SC-120-0.4-s75；(l) SC-120-0.2-s75

面积比相同参数的 SU 试件的更大，表明 SO 和 SC 试件的耗能能力更好。峰值荷载后，试件均表现出较高的塑性，残余位移较大，刚度退化显著，导致滞回曲线出现一定程度的捏缩。在相同的循环位移下，由于材料的损伤积累，第二加载循环发生一定程度的强度退化。轴压比和试件的破坏位置是影响滞回曲线形状的两个主要因素，低轴压比（$n=0.2$）试件捏缩效应更加明显，试件破坏位置在柱底以上的试件的滞回环更加饱满。

4.3.2 刚度退化分析

采用割线刚度 K_i 分别来和滞回环积分面积 E_i 反映试件在第 i 级循环加载时的刚度退化[6] 耗能特性，其中 K_i 的具体计算公式如下：

$$K_i = \frac{|+P_i|+|-P_i|}{|+\Delta_i|+|-\Delta_i|} \tag{4-1}$$

式中，$+P_i$、$-P_i$ 为第 i 次加载时第一循环推、拉向的峰值荷载；$+\Delta_i$、$-\Delta_i$ 为第 i 次加载时第一循环推、拉向的峰值位移。

第一批试件水平位移的增加对割线刚度 K_i 和滞回环积分面积 E_i 的影响如图 4.11 所示。四角斜肋和内衬圆加劲肋均能很好地提高薄壁方形钢管混凝土试件的耗能能力，SR 试件耗能高出未加劲试件 2 倍以上，加劲试件的割线刚度略高于未加劲试件，但二者的刚度退化速率相差不大。对于 SR 试件，当钢管宽厚比从 100 减少为 80 时，试件的刚度退化

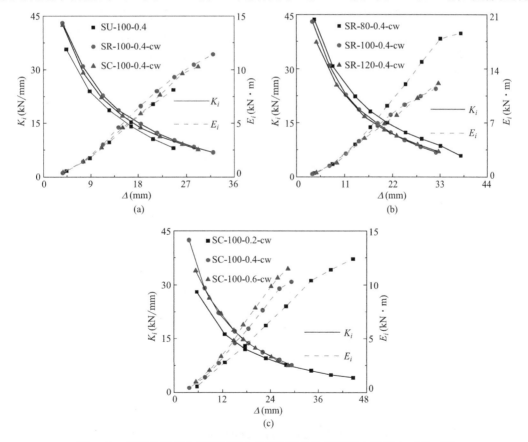

图 4.11　不同参数对方钢管混凝土柱刚度退化和耗能能力的影响（第一批）

（a）加劲类型；（b）宽厚比；（c）轴压比

和耗能能力均得到了显著改善；但当钢管宽厚比从 100 增加到 120，由于试件 SR-100-0.4-cw 的钢管屈服强度比试件 SR-120-0.4-cw 高 13%，二者性能相似。对于 SC 试件，随着轴压比增大，各滞回环的 K_i 和 E_i 有一定程度增大，但刚度退化更明显，极限耗能能力更低。

图 4.12 对比了第二批试件水平位移的增加对割线刚度 K_i 和滞回环积分面积 E_i 的影响。八边形/圆形衬管加劲肋能较好地改善薄壁方钢管的刚度退化和耗能能力，且对高轴压比（$n=0.4$）和高强度钢管（Q420）试件改善效果尤为明显。不同衬管形式和连接方

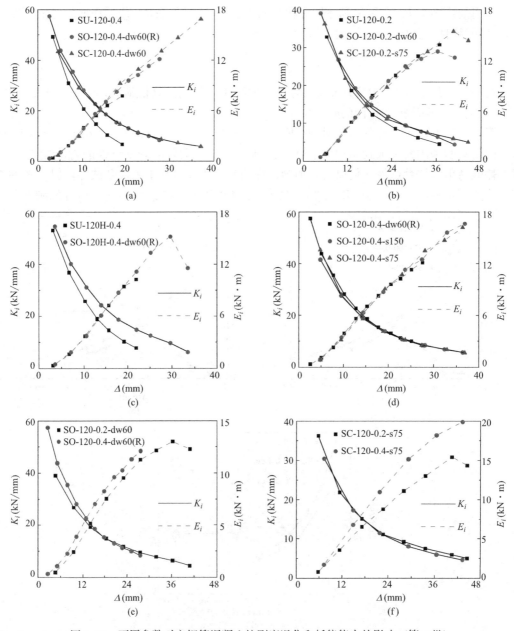

图 4.12 不同参数对方钢管混凝土柱刚度退化和耗能能力的影响（第二批）
(a) 加劲形式（$n=0.4$）；(b) 加劲形式（$n=0.2$）；(c) 加劲形式（Q420）；
(d) 连接方式；(e) 轴压比（SO 试件）；(f) 轴压比（SC 试件）

式对刚度退化性能几乎没有影响；然而，试件采用圆形衬管和自攻螺钉连接的耗能能力优于采用八边形衬管和塞焊连接的试件。随着轴压比的增大，单个滞回环的能耗提高；对于采用塞焊连接的 SO 试件，割线刚度 K_i 随轴压比的增大而提高，但刚度退化更显著，而对于采用自攻螺钉连接的 SC 试件，轴压比对刚度退化几乎没有影响。同时，高强度钢管（Q420）试件的刚度退化和耗能能力均更突出。

4.3.3　延性分析

第一批试件的水平荷载-位移骨架曲线对比如图 4.13 所示，由正、负骨架曲线得到的性能指标见表 4.5，其中 $P_{\max}$ 是水平峰值荷载；Δ_y 是屈服位移[10]；Δ_{85} 为抗侧承载力降至 $85\%P_u$ 时的极限位移；DR_{85} 为对应于 Δ_{85} 的最终层间位移角；μ 为延性系数，由 Δ_{85}/Δ_y 确定。对比图 4.13 与表 4.5，可得出以下结论：

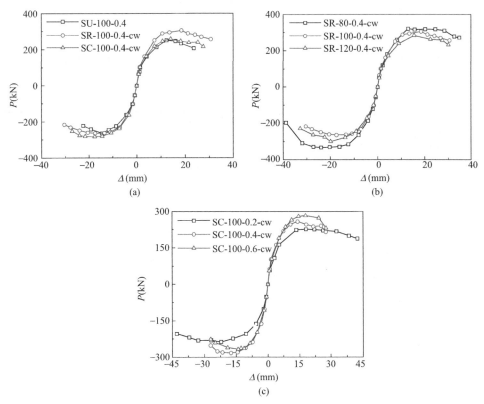

图 4.13　荷载-位移骨架曲线对比（第一批）
(a) 加劲类型；(b) 宽厚比；(c) 轴压比

① 各骨架曲线的切线刚度基本相同，说明试验参数范围内各参数对试件初始侧移刚度影响较小。所有加劲试件均表现出良好的延性，极限位移角远大于 1/50，延性系数普遍高于 4.0。

② 当方钢管厚度和斜肋厚度同时从 2.75mm 增加到 3.5mm（方钢管宽厚比从 100 减少为 80），SR 试件抗侧承载力提高了 15%，其延性系数基本保持不变；当方钢管厚度和斜肋厚度同时从 2.75mm 减少到 2.25mm（方钢管宽厚比从 100 增长到 120），延性系数降

低约15%，抗侧承载力保持不变。

③ 随着 SC 试件轴压比增大，其抗侧承载力提高，极限层间位移角和延性系数减小；当轴压比从0.2增加到0.4时，以上趋势更加显著。

第一批试件骨架曲线特性　　　　　　　　　　表 4.5

试件编号	P_{max}（kN）	Δ_y（mm）	Δ_{85}（mm）	DR_{85}（rad）	$\mu=\Delta_{85}/\Delta_y$
SU-100-0.4	257.4	6.5	22.2	1/42	3.4
SR-80-0.4-cw	327.4	7.5	34.0	1/27	4.5
SR-100-0.4-cw	285.0	6.4	29.3	1/32	4.6
SR-120-0.4-cw	291.8	7.5	28.9	1/32	3.9
SC-100-0.2-cw	231.7	6.6	41.8	1/22	6.3
SC-100-0.4-cw	270.4	6.1	27.1	1/34	4.4
SC-100-0.6-cw	275.0	6.3	27.0	1/35	4.3

第二批试件的水平荷载-位移骨架曲线对比如图 4.14 所示，由正、负骨架曲线得到的性能指标见表 4.6。对比图 4.14 与表 4.6，可得出以下结论：

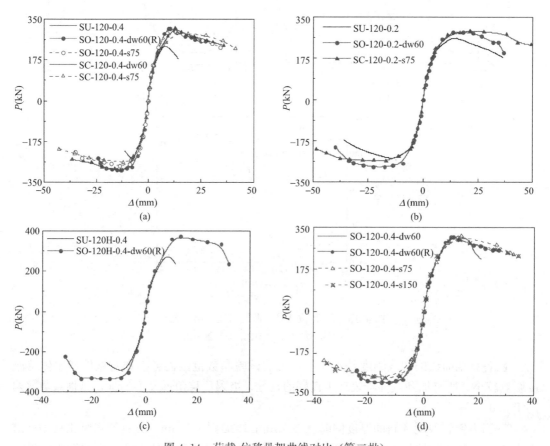

图 4.14　荷载-位移骨架曲线对比（第二批）
（a）$n=0.4$；（b）$n=0.2$；（c）钢材强度 Q420；（d）连接形式

　　① 各骨架曲线的切线刚度基本相同，说明试验范围内各参数对试件的初始侧移刚度影响较小。所有加劲试件（除加劲区外失效的试件 SO-120-0.4-dw60 外）均表现出良好的延性，极限位移角远大于 1/50，延性系数普遍高于 4.0。

　　② 轴压比为 0.4 时，加劲试件的抗侧承载力和延性系数分别提高了 20% 和 100%；轴压比为 0.2 时，以上指标分别提高了 8% 和 50% 左右。

　　③ 与圆形衬管加劲试件相比，八边形衬管加劲试件的抗侧承载力略高，但延性和极限位移比较低。

　　④ 衬管加劲肋的自攻螺钉连接能提高试件的变形能力和延性，但对抗侧承载力的提高效果不如塞焊连接显著。

　　⑤ 对比 SO-120-0.4-s150 和 SO-120-0.4-s75 的骨架曲线发现，自攻螺钉纵向间距对抗震性能影响有限。

　　⑥ 采用高强度钢（Q420）有利于提高薄壁方钢管混凝土柱的性能。

第二批试件骨架曲线特性　　　　　　　　　　　　　表 4.6

试件编号	P_{max} (kN)	Δ_y (mm)	Δ_{85} (mm)	θ_{85} (rad)	$\mu = \Delta_{85}/\Delta_y$
SU-120-0.2	258.4	7.3	26.4	1/35	3.6
SU-120-0.4	246.8	4.9	11.5	1/81	2.3
SU-120H-0.4	289.4	5.7	11.6	1/80	2.0
SO-120-0.2-dw60	285.4	7.6	32.6	1/29	4.3
SO-120-0.4-dw60	306.8	5.4	16.5	1/56	3.1
SO-120-0.4-dw60(R)	302.4	6.4	22.6	1/41	3.5
SO-120H-0.4-dw60(R)	352.9	6.6	28.6	1/33	4.3
SO-120-0.4-s150	295.0	6.3	28.9	1/32	4.6
SO-120-0.4-s75	287.3	5.5	29.8	1/31	5.4
SC-120-0.4-dw60	305.3	6.7	28.4	1/33	4.2
SC-120-0.4-s75	276.3	5.6	36.5	1/26	6.5
SC-120-0.2-s75	275.3	6.8	43.0	1/22	6.3

4.3.4　荷载-钢管应变曲线

　　为分析第一批试件的钢管应变发展情况和变化规律，绘制关键应变测点（塑性铰处）的荷载-应变曲线，如图 4.15 所示，拉伸应变为正，压缩应变为负。加载初期，受压测钢管在荷载作用下受压，应变为负，随着水平位移的不断增大，应变片附近钢管受压屈曲，表面纤维受拉，应变为正。各试件在水平加载初期均保持较低应变水平，其纵向应变与横向应变均未超过屈服应变，应变发展到塑形阶段后，高轴压比（$n=0.4$）试件的发展速率更快。在加载结束时，混凝土被压碎，逐渐失去承载能力，导致钢管内残余应变增加。整体上，加劲形式和钢管宽厚比对应变发展影响并不明显。

　　第二批不同轴压比、加劲肋形式、加劲肋与柱钢管连接方式、钢材强度等级试件的荷

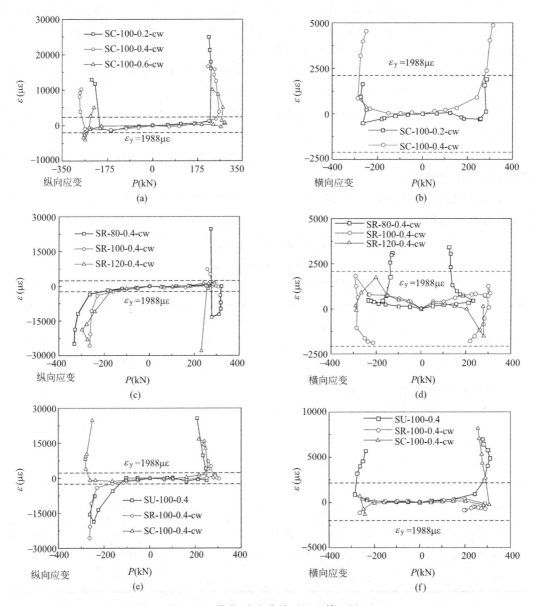

图 4.15　荷载-应变曲线对比（第一批）

(a) 轴压比对纵向应变的影响；(b) 轴压比对横向应变的影响；(c) 宽厚比对纵向应变的影响；

(d) 宽厚比对横向应变的影响；(e) 加劲肋类型对纵向应变的影响；(f) 加劲肋类型对横向应变的影响

载-应变曲线见图 4.16。除试件 SC-120-0.4-dw60 的横向应变片受压屈服外，其余试件的横向应变片受拉屈服。在初始水平加载阶段，试件均保持较低应变水平，增加轴压比可以显著提高钢管内应变水平，纵向应变发展到塑形阶段后，轴压比对试件纵向应变发展速率的影响较小，高轴压比（$n=0.4$）试件的横向应变发展速率更快；在加载结束时，混凝土被压碎，逐渐失去承载能力，导致钢管内残余应变增加。八边形/圆形衬管加劲对钢管内应力水平均有一定程度的提高；不同连接形式对试件的横向应变影响不大；同时，采用高强度等级钢管的试件能够有效延缓试件的塑性变形发展。

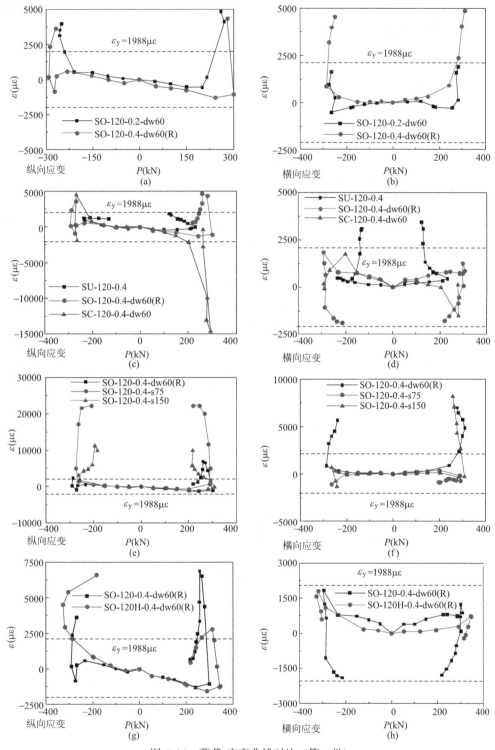

图 4.16　荷载-应变曲线对比（第二批）

（a）轴压比对纵向应变的影响；（b）轴压比对横向应变的影响；（c）加劲肋形式对纵向应变的影响；

（d）加劲肋形式对横向应变的影响；（e）连接方式对纵向应变的影响；（f）连接方式对横向应变的影响；

（g）钢材强度等级对纵向应变的影响；（h）钢材强度等级对横向应变的影响

4.4 有限元分析

4.4.1 纤维数值模型的建立

基于 OpenSees 软件建立薄壁方钢管混凝土柱的纤维有限元模型，如图 4.17 所示。根据试验结果，假定柱端塑性铰高度为横截面宽度的 1/3（$H_p = B/3$），模型的有效高度为柱高减塑性铰高度的一半，如图 4.17（a）所示。对于衬管加劲试件，模型沿纵向分为 5 个单元，每个单元有 5 个积分点，单元类型为基于位移的梁柱单元（Displacement-Based Beam-Column element）；加劲区域用底部三个长度为 90mm（第二批试件为 110mm）的单元模拟，未加劲区域用顶部两个长度为 307.5mm（第二批试件为 272.5mm）的单元模拟。方钢管截面沿侧边分为 12 根纤维，沿壁厚方向分为 4 根纤维。采用"有效宽度模型"[11] 评估塑性铰区薄壁方钢管的屈曲后强度，考虑到加劲肋的连接方式（塞焊和自攻螺钉）不连续，计算钢管有效受压面积时，忽略衬管对外钢管屈曲的侧向限制作用。钢管纤维的材料模型为"SteelMPF"，在相应纤维的材料模型中忽略钢材抗压强度，完成对钢管非有效受压面积的模拟，"SteelMPF"模型主要控制参数的确定见图 4.17。核心混凝土截面离散为 12×12 根纤维，其材料模型为"Concrete02"，控制参数计算见式（4-2）~式（4-7）。考虑到加劲肋仅在塑性铰区设置，假定八边形/圆形衬管不承担轴向载荷，仅对混凝土提供约束，并将混凝土的有效约束面积简化为衬管围合的区域，等效约束应力的计算见式（4-8）~式（4-10）。

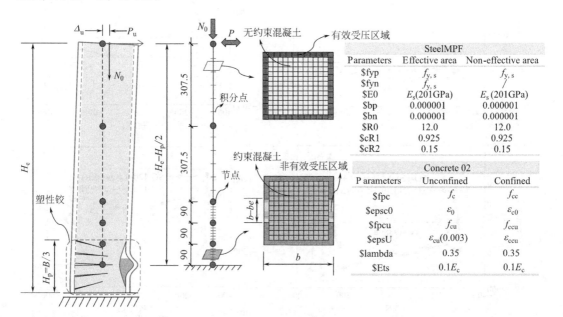

图 4.17 纤维有限元模型示意图

$$f_{cc} = f_c + 5.1 f_{el} \tag{4-2}$$
$$\varepsilon_0 = 0.0015 + f_c/70000 \tag{4-3}$$

$$\varepsilon_{c0} = \varepsilon_0\left(1 + (17 - 0.06 f_c)\left(\frac{f_{el}}{f_c}\right)\right) \tag{4-4}$$

$$\varepsilon_{ccu} = [(740 - 3(f_c - 20))\ln(0.5 f_{el} + 1) + (300 - 2(f_c - 20))] \times 10^{-5} \tag{4-5}$$

$$f_{cu} = \frac{(\varepsilon_{cu}/\varepsilon_0)\left(\dfrac{E_c}{E_c - f_c/\varepsilon_0}\right)}{\left(\dfrac{E_c}{E_c - f_c/\varepsilon_0}\right) - 1 + (\varepsilon_{cu}/\varepsilon_0)^{\left(\frac{E_c}{E_c - f_c/\varepsilon_0}\right)}} f_c \tag{4-6}$$

$$f_{ccu} = \frac{(\varepsilon_{ccu}/\varepsilon_{c0})\left(\dfrac{E_c}{E_c - f_{cc}/\varepsilon_{c0}}\right)}{\left(\dfrac{E_c}{E_c - f_{cc}/\varepsilon_{c0}}\right) - 1 + (\varepsilon_{ccu}/\varepsilon_{c0})^{\left(\frac{E_c}{E_c - f_{cc}/\varepsilon_{c0}}\right)}} f_{cc} \tag{4-7}$$

$$f_{el} = k_e f_l \tag{4-8}$$

$$k_e = \frac{A_{c,e}}{A_c} \tag{4-9}$$

$$f_l = \begin{cases} \sqrt{2}\, t_1 0.36 f_{y,1}/(B_0 - 2t) & \text{SR、SO 试件} \\ 2 t_1 f_{y,1}/(D - 2t) & \text{SC 试件} \end{cases} \tag{4-10}$$

式中　f_{cc}——采用 Richart 等[12]模型估算的约束混凝土抗压强度;

　　　ε_0——无约束混凝土峰值应变;

　　　ε_{c0}——约束混凝土的峰值应变;

　　　ε_{cu}——无约束混凝土的极限压应变;

　　　ε_{ccu}——约束混凝土的极限压应变;

　　　f_{cu}——无约束混凝土的极限应力;

　　　f_{ccu}——约束混凝土的极限应力;

　　　k_e——有效约束混凝土面积($A_{c,e}$)与整个混凝土面积(A_c)的比值;

　　　f_l——衬管的横向约束应力;

　　　$f_{y,1}$——加劲肋的屈服强度;

　　　B_0——四角斜肋和八边形衬管段较短的边长(此处为 $B/3$);

　　　f_{el}——衬管的有效横向约束应力;

　　　t_1——加劲肋的厚度;

　　　D——圆形衬管的直径。

　　为验证纤维数值模型对加劲肋简化处理的合理性,在 OpenSees 模型中建立加劲肋单元,使得加劲肋与薄壁方钢管混凝土柱协同受压,设置其抗压强度为 f_y,由于加劲肋的锚固长度不足,抗拉强度忽略。图 4.18 为建立加劲肋模型与仅考虑加劲肋约束效应的简化模型的对比结果,由图可知,设置加劲肋模型的滞回环面积更大,能耗更好,极限承载力更高;试件 SO-120-0.4-dw60 在加载后期,强度还有一定程度的提升。总的来说,第一批试件设置有加劲肋的模型与简化模型吻合较好;对于第二批试件,薄壁方钢管混凝土柱加劲肋的连接方式(塞焊和自攻螺钉)不连续,在 OpenSees 中未能考虑塞焊和螺栓间距的影响,模型设置加劲肋将高估试件的滞回性能。考虑到以上原因,本章薄壁方钢管混凝土柱的数值模型不考虑加劲肋的直接受力作用,而仅考虑加劲肋对核心混凝土约束效应的改善作用。

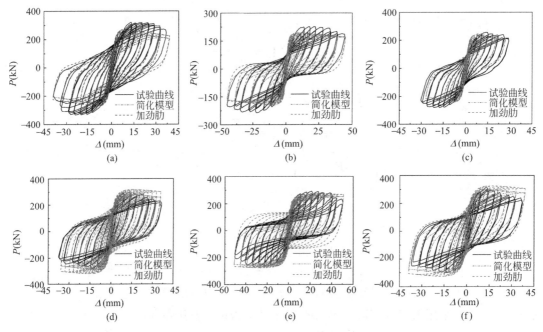

图 4.18　加劲肋对纤维模型的影响

（a）SR-80-0.4-cw；（b）SC-100-0.2-cw；（c）SC-100-0.4-cw；

（d）SO-120-0.4-s75；（e）SC-120-0.2-s75；（f）SC-120-0.4-dw60

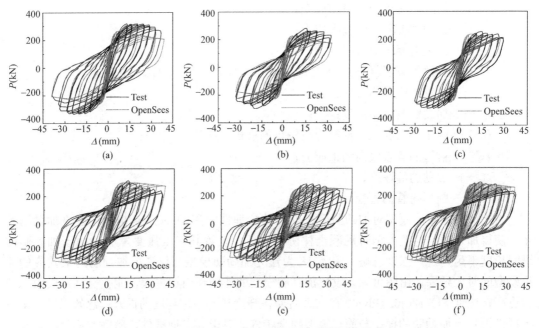

图 4.19　OpenSees 与试验荷载-位移滞回曲线对比

（a）SR-80-0.4-cw；（b）SR-120-0.4-cw；（c）SC-100-0.4-cw；

（d）SC-120-0.4-dw60；（e）SO-120-0.2-dw60；（f）SO-120-0.4-s75

4.4.2　模型验证

图 4.19 为薄壁方钢管混凝土柱的 OpenSees 计算结果与试验滞回曲线对比。由图可知，OpenSees 计算峰值承载力与试验峰值承载力的差值均在 10% 以内。第一批试件的加劲肋通过连续焊缝与方钢管连接且混凝土强度较高，试验曲线的强度比模拟曲线偏高；第二批试验试件为方钢管和内衬管通过塞焊或自攻螺钉非连续连接，与模拟曲线的吻合程度更好。但由于有限元建模未能考虑初始缺陷、焊接质量、残余应力、栓钉连接质量等因素对试件受力性能的影响，所以有限元荷载-位移曲线的初始刚度大于试验试件的初始刚度，有限元模型的耗能面积略大于试验试件的耗能面积。

4.4.3　参数分析

为进一步明确不同参数对构件滞回性能的影响规律，以内衬圆管加劲的薄壁方钢管混凝土柱为例，开展基于纤维有限元模型的拓展参数分析，研究参数包括轴压比 n、钢管宽厚比 B/t、长宽比 L/B、加劲肋厚度 t_l、钢材屈服强度 f_y 及混凝土强度等级。

（1）分析参数的确定

根据试验结果，确定标准模型的信息如下：$B/t=120$，$n=0.4$，$L=990\text{mm}$，$B=330\text{mm}$，$f_y=345\text{MPa}$，C30 混凝土，内衬圆管加劲。变化参数取值范围为：$B/t=60\sim150$，$n=0.2\sim0.6$，$L/B=2\sim5$，$f_y=235\sim420\text{MPa}$，混凝土强度等级为 C30～C50。具体模型参数见表 4.7。

薄壁方钢管混凝土柱有限元模型分析参数　　　　　　表 4.7

模型编号	B/t	t(mm)	n	L(mm)	L/B	t_l(mm)	t/t_l	f_y(MPa)	混凝土等级
SC-120-0.4-3-1-30	120	2.75	0.4	990	3	2.75	1	345	C30
SC-60-0.4-3-1-30	60	5.5	0.4	990	3	5.5	1	345	C30
SC-90-0.4-3-1-30	90	3.67	0.4	990	3	3.67	1	345	C30
SC-150-0.4-3-1-30	150	2.2	0.4	990	3	2.2	1	345	C30
SC-120-0.2-3-1-30	120	2.75	0.2	990	3	2.75	1	345	C30
SC-120-0.6-3-1-30	120	2.75	0.6	990	3	2.75	1	345	C30
SC-120-0.4-2-1-30	120	2.75	0.4	660	2	2.75	1	345	C30
SC-120-0.4-4-1-30	120	2.75	0.4	1320	4	2.75	1	345	C30
SC-120-0.4-5-1-30	120	2.75	0.4	1650	5	2.75	1	345	C30
SC-120-0.4-3-0.6-30	120	2.75	0.4	990	3	4.58	0.6	345	C30
SC-120-0.4-3-1.4-30	120	2.75	0.4	990	3	1.96	1.4	345	C30
SC-120-0.4-3-1-30L	120	2.75	0.4	990	3	2.75	1	235	C30
SC-120-0.4-3-1-30H	120	2.75	0.4	990	3	2.75	1	420	C30
SC-120-0.4-3-1-40	120	2.75	0.4	990	3	2.75	1	345	C40
SC-120-0.4-3-1-50	120	2.75	0.4	990	3	2.75	1	345	C50

（2）轴压比的影响

图 4.20 为轴压比对模型滞回性能的影响。在本章参数设置范围内，轴压比增大，模型的水平峰值承载力增大，峰值后残余位移增大，滞回环更饱满。较大轴压比模型的初始

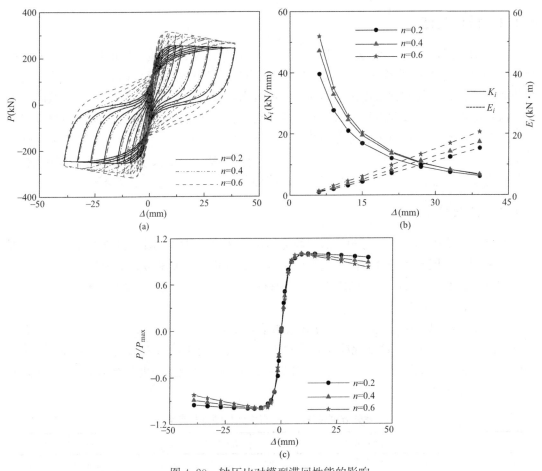

图 4.20 轴压比对模型滞回性能的影响

(a) 滞回曲线；(b) 刚度退化与滞回环面积；(c) 骨架曲线归一化

刚度更大，但刚度退化速率更快。在同一水平位移下，较大轴压比模型的滞回环面积较大，耗能能力更强，但模型延性随轴压比的增大而减小。在工程常用轴压比范围内，衬管加劲薄壁钢管混凝土柱具有较好抗震能力，可满足工程抗震要求；但考虑到过大轴压比会使得薄壁钢管过早屈曲及屈服，实际工程不宜采用过大轴压比，应综合承载力、刚度、延性和耗能性能等力学指标选取轴压比。

（3）钢管宽厚比的影响

如图 4.21 所示，钢管宽厚比与模型含钢率直接相关，是影响模型滞回性能的关键因素。随着钢管宽厚比的减小，模型水平峰值承载力显著增大，但滞回曲线的捏缩程度及残余位移基本保持不变。较小钢管宽厚比模型的初始刚度和耗能能力更大，且刚度退化速率和延性与较大钢管宽厚比模型相近。增大钢管宽厚比因降低截面含钢率而导致构件承载力和耗能能力降低，但由于圆形衬管加劲肋的有效约束作用，较大钢管宽厚比模型仍具有较好的滞回性能。实际工程设计中，可根据综合考虑需求和经济性，适当增大钢管宽厚比。

（4）长宽比的影响

图 4.22 为长宽比对模型滞回性能的影响。长宽比对滞回曲线的形状影响较大，长宽比越大，模型的初始刚度越小，滞回曲线越扁平，各模型后期刚度退化趋势相近。随着长

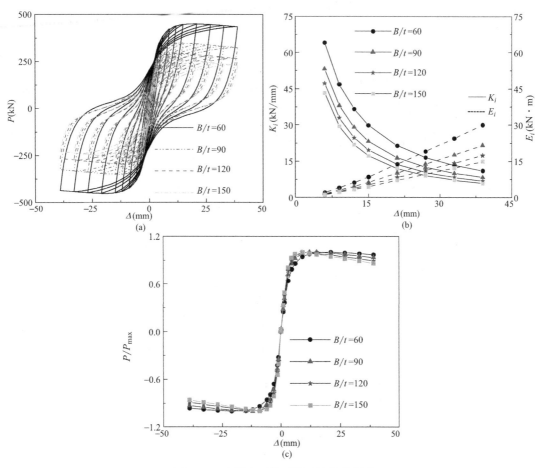

图 4.21　宽厚比对模型滞回性能的影响

（a）滞回曲线；（b）刚度退化与滞回环面积；（c）骨架曲线归一化

宽比的增大，模型的水平峰值承载力和位移延性系数降低较明显，这与大长宽比模型受 P-Δ 效应的影响较大有关。工程设计时，应验算薄壁方钢管混凝土柱的长宽比，以保证构件的受力性能。

（5）加劲肋厚度的影响

图 4.23 为加劲肋厚度对模型滞回性能的影响。加劲肋厚度对初始刚度的影响较小；增大加劲肋厚度，模型的水平峰值承载力增大，塑性损伤与残余位移减小，但滞回环呈现一定程度的捏缩，刚度退化能力略有减弱。相同水平位移下，加劲肋厚度对滞回环包络面积影响较小，各模型的耗能能力和延性性能基本一致。

（6）材料强度的影响

图 4.24 和图 4.25 分别为钢材与混凝土强度对模型滞回性能的影响。钢材屈服强度增大，模型的水平峰值承载力、初始刚度增大。较高强度钢管对混凝土的约束作用增强，模型的滞回环面积增大，耗能能力增强，刚度退化略有降低。在本节研究参数的范围内，混凝土强度等级对模型滞回性能的影响较小；随着混凝土强度等级的提高，模型的初始刚度和水平峰值承载力增大，耗能能力和延性性能基本保持不变。工程设计中，建议采用较高强度的钢材与混凝土，提高结构性能和经济性。

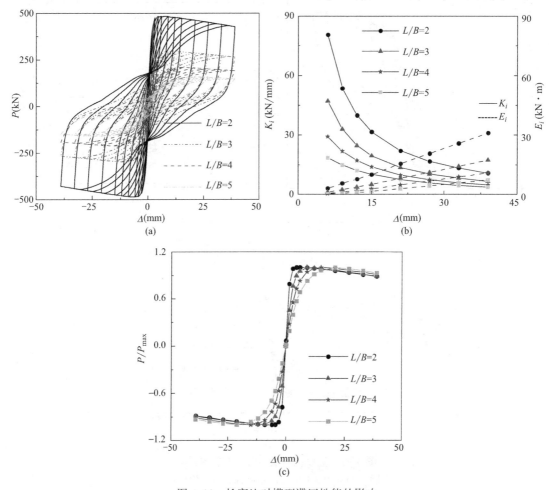

图 4.22　长宽比对模型滞回性能的影响

（a）滞回曲线；（b）刚度退化与滞回环面积；（c）骨架曲线归一化

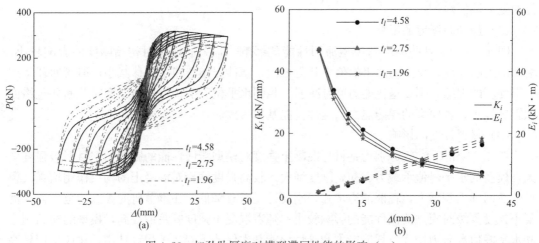

图 4.23　加劲肋厚度对模型滞回性能的影响（一）

（a）滞回曲线；（b）刚度退化与滞回环面积

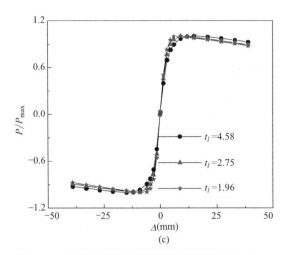

图 4.23　加劲肋厚度对模型滞回性能的影响（二）

（c）骨架曲线归一化

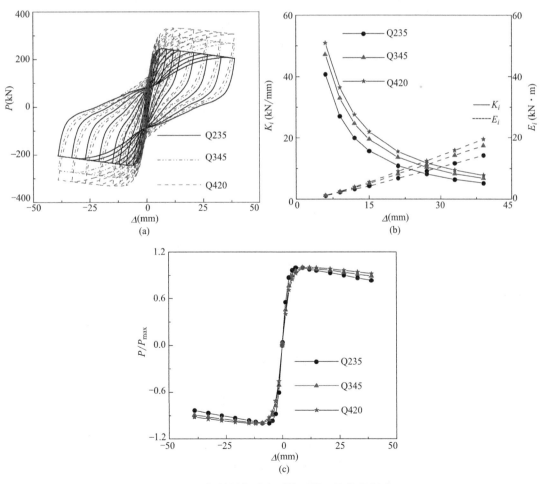

图 4.24　钢材屈服强度对模型滞回性能的影响

（a）滞回曲线；（b）刚度退化与滞回环面积；（c）骨架曲线归一化

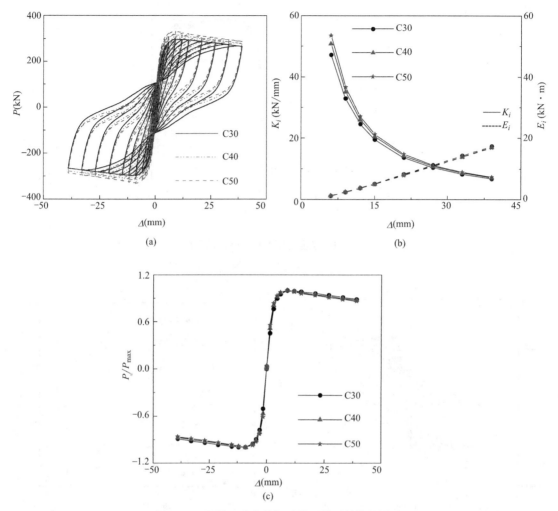

图 4.25 混凝土强度等级对模型滞回性能的影响
（a）滞回曲线；（b）刚度退化与滞回环面积；（c）骨架曲线归一化

参考文献

［1］中国国家标准化管理委员会．钢及钢产品 力学性能试验取样位置及试样制备 GB/T 2975—2018［S］．北京：中国质检出版社，2019.

［2］中国国家标准化管理委员会．金属材料 拉伸试验 第 1 部分：室温试验方法 GB/T 228.1—2010［S］．北京：中国标准出版社，2011.

［3］中华人民共和国住房和城乡建设部．混凝土物理力学性能试验方法标准：GB/T 50081—2019［S］．北京：中国建筑工业出版社，2019.

［4］CEB-FIP model code 1990. The Committee Euro-international Du Beton/Federation international De La Precontrainte model code for concrete structures［S］. Committee Euro-international Du Beton，1993.

［5］ACI 318-11. Building Code Requirements for Structural Concrete and Commentary ［S］. American Concrete Institute，2011.

［6］中华人民共和国住房和城乡建设部 . 建筑抗震试验规程：JGJ/T 101—2015 ［S］. 北京：中国建筑工业出版社，2015.

［7］臧兴震 . 钢管约束型钢高强混凝土柱滞回性能研究 ［D］. 兰州：兰州大学，2018.

［8］聂瑞锋 . 低周反复水平荷载作用下方钢管混凝土柱抗震性能的试验研究 ［D］. 青岛：青岛理工大学，2010.

［9］邢新 . 带肋薄壁方钢管混凝土柱的抗震性能研究 ［D］. 内蒙古：内蒙古科技大学，2019.

［10］PARK R. Ductility evaluation from laboratory and analytical testing ［c］//Proceedings of the 9th world conference on earthquake engineering，Tokyo-Kyoto，Japan，1988，8：605-616.

［11］LIANG Q Q，UY B. Theoretical study on the post-local buckling of steel plates in concrete-filled box columns ［J］. Computers ＆ Structures，2000，75（5）：479-490.

［12］RICHART F E，BRANDTZG A，BROWN R L. A study of the failure of concrete under combined compressive stresses ［D］. University of Illinois at Urbana Champaign，College of Engineering. Engineering Experiment Station，1928.

第 5 章　薄壁圆钢管混凝土柱抗震性能

为研究不同加劲形式下薄壁圆钢管混凝土柱的抗震性能，本章设计完成两批共 18 个试件，进行恒定轴压力和水平往复荷载作用下的抗震性能试验，研究参数包括钢管径厚比、轴压比、加劲肋形式（无加劲肋、四角直肋、对拉钢板、内衬圆钢管加劲肋、外套圆钢管加劲肋）和加劲肋连接方式（塞焊或自攻螺钉）。通过试验，获得加劲薄壁圆钢管混凝土柱的破坏模式、荷载-位移滞回曲线、钢管应变发展曲线等，分析不同参数下薄壁圆钢管混凝土柱的滞回机理、屈曲发展机制、断裂特性等，从刚度退化、变形性能和耗能能力等方面对试件抗震性能进行评估。建立基于 OpenSees 软件的薄壁圆钢管混凝土柱纤维数值模型，并开展包括轴压比、钢管径厚比、柱长细比、加劲肋厚度、材料强度等级等参数的拓展参数分析，揭示各参数对薄壁圆钢管混凝土柱抗震性能的影响规律。

5.1　试验方案

5.1.1　试件设计

分两批共完成 18 个薄壁圆钢管混凝土试件的拟静力试验研究。第一批试验共 8 个截面直径 $D = 300$mm 的试件，包括 5 个未加劲试件（CU）、1 个直肋加劲试件（CR）和 2 个对拉钢板加劲试件（CP）；加劲肋与外钢管通过纵向连续角焊缝连接，见图 5.1。试验主要参数为钢管径厚比、轴压比等。第二批试验共 10 个 $D = 330$mm 的薄壁圆钢管混凝土试件，包括 2 个未加劲试件（CU）、1 个直肋加劲试件（CR）、4 个外套圆钢管加劲试件（CO）和 3 个内衬圆钢管加劲试件（CI）；CO 和 CI 两种加劲肋与柱钢管通过非连续塞焊或自攻螺钉连接。试验主要参数为轴压比和塞焊点或自攻螺钉的纵向间距等。

试件的具体参数见表 5.1。试验所研究试件的圆钢管径厚比均高于规范中的最大径厚比限制（$[D/t]_{max}$）。试件的命名方式是根据试件主要参数确定，其中前两个字母代表试件的加劲形式，第一个数字代表钢管名义径厚比，第二个数字代表轴压比。对于加劲试件，最后一项代表圆钢管与加劲肋的连接方式（cw 代表连续纵向角焊缝连接，dw 代表非连续塞焊连接，s 代表自攻螺钉连接）。以 CO-140-0.2-dw60 为例，CO 代表外套圆钢管加劲试件，140 代表试件径厚比为 140，0.2 代表轴压比为 0.2，dw60 代表圆钢管与外套圆钢管加劲肋通过塞焊连接，且纵向距离为 60mm。此外，对于试件 CP-120-0.4-cw1 和 CP-120-0.4-cw2，最后一个数字，1 代表对拉钢板与水平荷载平行，2 代表对拉钢板与水平荷载垂直。

试件参数　　　　　　　　　　　　　　　　　　　表 5.1

试验批次	试件名	D (mm)	t (mm)	D/t	加劲类型	t_l (mm)	h_l (mm)	d_s (mm)	n	N_0 (kN)
1	CU-120-0.2	300	2.52	120.00	—	—	—	—	0.2	789
	CU-120-0.4	300	2.52	120.00	—	—	—	—	0.4	1578
	CU-120-0.6	300	2.52	120.00	—	—	—	—	0.6	2367
	CU-80-0.4	300	3.75	80.00	—	—	—	—	0.4	1665
	CU-100-0.4	300	3.04	100.00	—	—	—	—	0.4	1560
	CR-120-0.4-cw	300	2.52	120.00	四边直肋	2.52	300	—	0.4	1578
	CP-120-0.4-cw1	300	2.52	120.00	对拉钢板	2.52	300	—	0.4	1578
	CP-120-0.4-cw2	300	2.52	120.00	对拉钢板	2.52	300	—	0.4	1578
2	CU-140-0.4	330	2.35	140.43	—	—	330	—	0.4	982.62
	CU-140-0.6	330	2.35	140.43	—	—	330	—	0.6	1473.93
	CR-140-0.4-cw	330	2.35	140.43	四边直肋	2.35	330	—	0.4	982.62
	CO-140-0.2-dw60	330	2.35	140.43	外套圆管	2.35	330	60	0.2	491.31
	CO-140-0.4-dw60	330	2.35	140.43	外套圆管	2.35	330	60	0.4	982.62
	CO-140-0.6-dw60	330	2.35	140.43	外套圆管	2.35	330	60	0.6	1473.93
	CO-140-0.4-s75	330	2.35	140.43	外套圆管	2.35	330	75	0.4	982.62
	CI-140-0.4-dw60	330	2.35	140.43	内衬圆管	2.35	330	60	0.4	982.62
	CI-140-0.4-s150	330	2.35	140.43	内衬圆管	2.35	330	150	0.4	982.62
	CI-140-0.4-s75	330	2.35	140.43	内衬圆管	2.35	330	75	0.4	982.62

　　图 5.1 为试件的尺寸及加工示意。试件包括薄壁钢管混凝土柱测试段和下部用于固定的钢管混凝土扩大墩柱，其中测试段薄壁圆钢管插入到下部墩柱底部，并通过 20mm 厚环板与墩柱顶部焊接连接，两批试件的测试段高度均为 695mm。

　　两批试件所用到的圆钢管和钢板均采用薄钢板冷弯加工而成。为增强试件的局部稳定性，在上端板下部焊接 4 个 2.5mm×50mm×100mm 外加劲肋。第一批未加劲圆钢管仅有一条纵向对接焊缝，加劲圆钢管有两条纵向对接焊缝。对于第二批试件，加工好的圆钢管和内衬加劲管通过 8 列塞焊或自攻螺钉连接，其中，塞焊孔长 30mm，宽 5mm，纵向间距 60mm；自攻螺钉直径 5mm，长 30mm，纵向间距 75mm 或 150mm。

5.1.2　材料性能

　　第一批试件共采用三种型号的钢板，包括厚度为 2.52mm、3.04mm 和 3.76mm 的 Q235 钢板，第二批试件采用厚度为 2.35mm 的 Q235 钢板。根据《钢及钢产品力学性能试验取样位置及试样制备》GB/T 2975—2018[1] 制备各类型钢板的拉伸试样，并按照《金属材料 拉伸试验 第 1 部分：室温试验方法》GB/T 228.1—2010[2] 中的相关规定进行拉伸试验，所得到的钢材材料性能指标见表 5.2。两批试验采用的混凝土与上一章相同，具体材料性能指标见表 4.3。

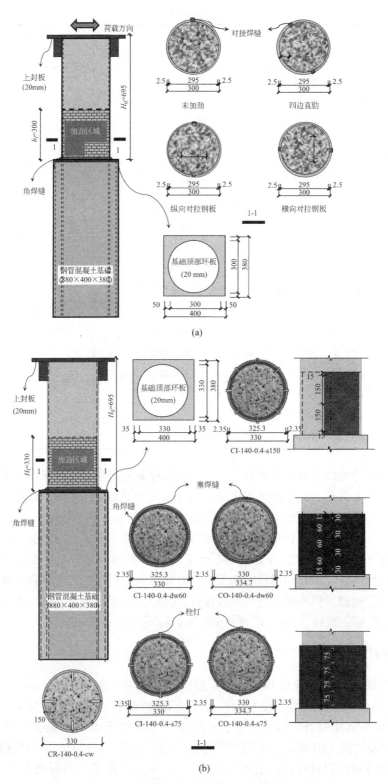

图 5.1　薄壁圆钢管混凝土试件示意

（a）第一批试件；（b）第二批试件

试验批次	实测厚度 （mm）	屈服强度 （MPa）	抗拉强度 （MPa）	强屈化 （f_u/f_y）
第一批	2.52	357.7	477.7	1.33
	3.04	289.3	390.7	1.35
	3.76	316.7	434.7	1.37
第二批	2.35	366.0	501.7	1.37

钢材材料性能指标　　　　　　　　　　表 5.2

5.1.3　加载与测量装置

所有试件均在重庆大学结构实验室测试。试验加载装置，试件边界连接方式和加载过程均与上一章相同，如图 4.4 所示。图 5.2 显示了试件测点的布置，两个位移计（LVDTs）被水平布置在图示位置，记录柱的横向位移。此外，在距柱底 50mm 和 100mm 的截面等间距布置两层应变片，上层四组，下层 8 组，每组一个横向应变片一个纵向应变片。

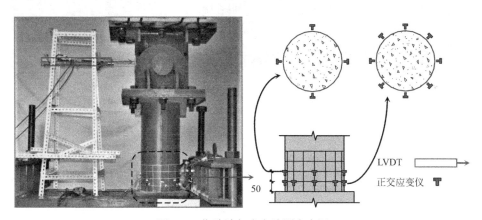

图 5.2　位移计与应变片测点布置

5.2　试验现象及破坏模式

5.2.1　试验现象

图 5.3 为第一批典型试件的破坏模式，第一批试件包括竖肋加劲试件和未加劲试件。所有试件均为柱底 150mm 范围内钢管鼓曲及钢管鼓曲处的混凝土压溃破坏。在较大的位移比（DR=Δ/H_e，H_e 为 930mm）作用下，部分试件存在钢管和焊缝局部撕裂的现象。以试件 CU-120-0.4 和试件 CP-120-0.4-cw1 为例，简述其破坏过程。

① 试件 CU-120-0.4

水平荷载小于 140kN 时，试件无明显变化。DR=0.86％时，柱底 50mm 处钢管局部轻微鼓曲。DR=1.72％时，柱底钢管焊缝开裂。DR=2.15％时，局部屈曲进一步发展，

图 5.3　第一批典型试件破坏形态

(a) CU-120-0.4；(b) CR-120-0.4-cw；(c) CP-120-0.4-cw1；(d) CP-120-0.4-cw2

试件达峰值荷载。DR＝4.30％时，试件承载力降至峰值荷载的 85％，此时柱底焊缝开裂扩展，内部混凝土与钢管脱离。试验结束后，剖开钢管观察，发现核心区混凝土完整性较好，外钢管屈曲处混凝土局部压溃。

② 试件 CP-120-0.4-cw1

水平荷载小于 160kN 时，试件无明显变化。DR＝0.75％时，拉侧柱底 50mm 处钢管局部轻微鼓曲。DR＝1.13％时，推侧柱底 50mm 处钢管局部轻微鼓曲。DR＝1.51％时，试件达到峰值荷载，拉侧柱底靠近加劲肋处钢管呈 V 形鼓曲。DR＝1.88 时，推侧柱底靠近加劲肋处钢管 V 形鼓曲。随着循环位移的增大，柱底钢管鼓曲程度加剧。当 DR＝3.39％时，试件承载力降至峰值荷载的 85％，柱底钢管撕裂，试验终止。试验结束后，剖开钢管观察，发现核心区混凝土完整性较好，内加劲肋无明显变形，且与混凝土紧密粘结，柱底外钢管屈曲处混凝土局部压溃。

图 5.4 为第二批典型试件的破坏模式。试件的破坏形态均为柱底 100mm 范围内钢管鼓曲且钢管鼓曲处混凝土压溃。塞焊试件的钢管在加劲肋上部位置最先出现鼓曲，鼓曲位置混凝土局部压溃，但核心区混凝土较为完整。以试件 CO-140-0.4-dw60、CI-140-0.4-dw60 和 CI-140-0.4-s75 为例，简述其破坏过程。

① 试件 CO-140-0.4-dw60

试件在施加轴向荷载和水平荷载小于 130kN 时，试件无明显变化。DR＝0.75％时，推侧加劲肋高度附近钢管轻微鼓曲，DR=1.13％时，拉侧加劲肋高度附近钢管轻微鼓曲。DR=1.88％时，距柱底50mm处钢管局部鼓曲，试件达到拉向峰值承载力。随着循环位移的增大，柱底钢管鼓曲进一步扩大，当DR=2.26％时，构件达到推向峰值承载力。当DR=4.89％时，试件承载力降至85％峰值承载力，加载完成。试验结束后，剖开钢管观察，发现核心区混凝土完整性较好，柱底外钢管屈曲处混凝土局部压溃。

② 试件 CI-140-0.4-dw60

水平荷载小于150kN时，试件无明显现象。DR=0.97％时，推侧加劲肋高度附近钢管轻微鼓曲，DR=1.45％时，拉侧加劲肋高度附近钢管轻微鼓曲，且柱底30mm处钢管局部屈曲，试件达到峰值承载力。DR=2.42％时，柱底钢管塞焊孔断裂，DR=3.39％时，试件承载力降至85％峰值承载力，加载完成。试验结束后，剖开钢管观察，发现核心区混凝土完整性较好，柱底外钢管屈曲处混凝土局部压溃。

③ 试件 CI-140-0.4-s75

水平荷载小于135kN时，试件无明显现象。当DR=0.97％时，距柱底35mm处钢管轻微鼓曲。DR=1.94％，推侧钢管鼓曲明显，试件达到推向峰值承载力；DR=2.42％，拉侧钢管鼓曲明显，部分栓钉被剪断，试件达到拉向峰值承载力。DR=4.84％时，试件承载力降至85％峰值承载力，钢管柱底开裂，加载完成。试验结束后，剖开钢管观察，发现核心区混凝土完整性较好，柱底外钢管屈曲处混凝土局部压溃。

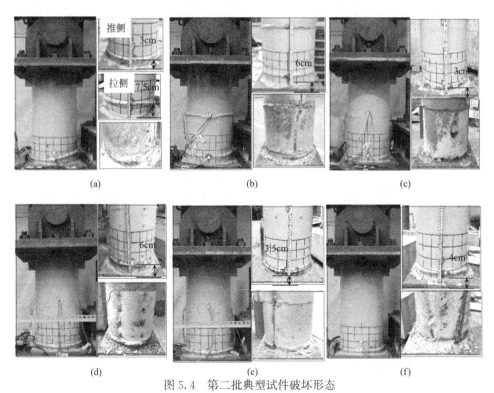

图 5.4　第二批典型试件破坏形态

(a) CU-140-0.4；(b) CO-140-0.4-dw60；(c) CI-140-0.4-dw60；
(d) CI-140-0.4-s150；(e) CI-140-0.4-s75；(f) CR-120-0.4-cw

5.2.2 破坏模式对比

表5.3汇总了两批试件的主要破坏特征，从表中可以得出以下结论：

对于第一批试件，高轴压比试件CU-120-0.6在竖向轴力加载完成后，施加较小水平荷载50kN（约为试件峰值承载力的18.43%），即出现柱底钢管鼓曲，说明轴压比过大会导致钢管过早屈曲，塑性变形发展较快；径厚比D/t对试件的鼓曲形态影响不明显；四边直肋、纵向对拉钢板、横向对拉钢板这三种形式的加劲肋均未明显延缓钢管的局部屈曲，且与未加劲试件相比，柱底钢管鼓曲处更易撕裂。

对于第二批试件，相较于低轴压比试件，高轴压比试件在较小的水平位移下发生局部屈曲；未加劲试件和外套圆钢管试件均未发生钢管的断裂，内衬圆钢管试件和四边直肋加劲试件于柱底鼓曲处发生钢管的断裂；受屈曲影响的区域和最终屈曲位置到柱底的距离按试件CO、CU、CR、CI依次减小。

试件破坏特征汇总　　　　　　　　　　　　表5.3

试验批次	试件编号	局部屈曲		钢管撕裂		焊缝撕裂	
		DR	到底部的距离(mm)	DR	撕裂形态	DR	裂缝长度(mm)
1	CU-120-0.2	1.29%	40	5.81%	推侧直线型	5.16%	40
	CU-120-0.4	0.86%	45	—	—	1.72%	30
	CU-120-0.6	0.09%	55	—	—	—	—
	CU-80-0.4	0.62%	50	—	—	—	—
	CU-100-0.4	1.08%	45	—	—	3.23%	55
	CR-120-0.4-cw	0.75%	35	3.39%	推拉侧V形	—	—
	CP-120-0.4-cw1	0.77%	50	3.48%	拉侧V形	—	—
	CP-120-0.4-cw2	0.77%	30	3.10%	推拉侧V形	2.32%	70
2	CU-140-0.4	0.97%	52.5	—	—	—	—
	CU-140-0.6	0.75%	45	—	—	—	—
	CR-140-0.4-cw	0.97%	32.5	3.87%	推拉侧拉裂	—	—
	CO-140-0.2-dw	2.00%	60	—	—	—	—
	CO-140-0.4-dw	1.88%	60	—	—	—	—
	CO-140-0.6-dw	1.34%	60	—	—	—	—
	CO-140-0.4-s75	1.29%	35	—	—	—	—
	CI-140-0.4-dw	1.45%	30	2.42%	推拉侧拉裂	—	—
	CI-140-0.4-s150	0.97%	35	5.32%	推拉侧拉裂	—	—
	CI-140-0.4-s75	0.97%	35	5.08%	推拉侧拉裂	—	—

5.3 试验结果分析

5.3.1 荷载-位移滞回曲线

图5.5为第一批试件的荷载-位移滞回曲线，可见所有试件的滞回曲线均较为饱满，耗能

能力和抗震性能较好。各试件加载初期，滞回曲线基本是一条过原点的直线，试件无残余变形，滞回环面积基本为零，耗能微少，试件处于弹性阶段。峰值荷载后，试件均表现出较高的塑性，残余位移较大，刚度退化显著，滞回曲线出现一定程度的捏缩。随着径厚比增大和轴压比减小，捏缩效应更加明显。在相同的循环位移下，由于混凝土损伤累积和钢管局部屈曲等，第二加载循环发生一定程度的强度退化。图中标记了钢管的初屈曲和钢管初撕裂位置，除试件 CU-120-0.6 和试件 CU-80-0.4 外，其余加劲试件均在钢管发生初始断裂后达到极限状态。

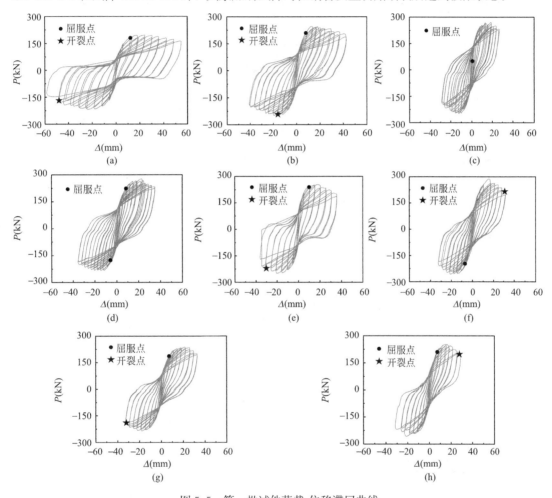

图 5.5　第一批试件荷载-位移滞回曲线

(a) CU-120-0.2；(b) CU-120-0.4；(c) CU-120-0.6；(d) CU-80-0.4；(e) CU-100-0.4；
(f) CR-120-0.4-cw；(g) CP-120-0.4-cw1；(h) CP-120-0.4-cw2

图 5.6 为第二批试件的荷载-位移滞回曲线，图中标记了钢管的初始屈曲和钢管初始撕裂位置。可见 CO 试件的滞回曲线比 CU 试件的面积更大，而 CI 试件的滞回曲线比 CU 试件的面积略小，表明 CO 试件的耗能性能更好。与塞焊连接的加劲试件相比，自攻螺钉连接试件的滞回曲线更为饱满。峰值荷载后，试件均表现出较高的塑性，残余位移较大，刚度退化显著，导致滞回曲线出现一定程度的捏缩，随轴压比的减小，捏缩效应更为明显。在相同的循环位移下，由于混凝土损伤累积和钢管局部屈曲等原因，第二加载循环发生一定程度的强度退化。

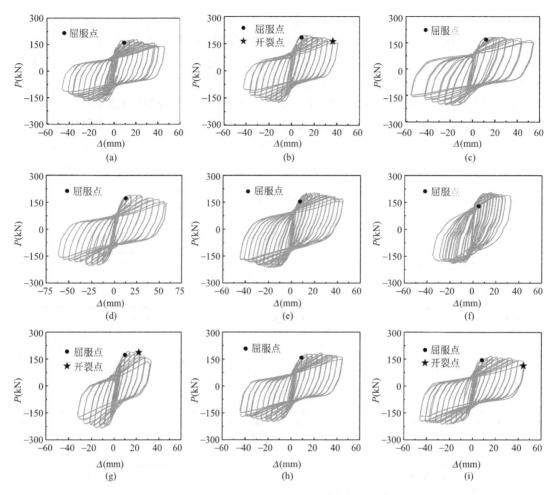

图 5.6 第二批试件荷载-位移滞回曲线

(a) CU-140-0.4；(b) CR-140-0.4-cw；(c) CO-140-0.4-s75；(d) CO-140-0.2-dw60；

(e) CO-140-0.4-dw60；(f) CO-140-0.6-dw60；(g) CI-140-0.4-dw60；

(h) CI-140-0.4-s150；(i) CI-140-0.4-s75

5.3.2 刚度退化分析

为了对比各试件刚度退化和耗能性能，采用割线刚度 K_i 反映试件在第 i 级循环加载时的刚度退化特性，采用滞回环积分面积 E_i 反映试件的耗能性能。

图 5.7 为第一批试件滞回曲线的正割刚度 K_i 和滞回环积分面积 E_i 的发展情况。CU试件随着轴压比的增大，试件的初始正割刚度增大，但其退化也更显著，这是因为当轴压比较大时，混凝土在往复荷载的作用下更早出现塑性损伤，钢管局部屈曲也发展得更快，从而导致刚度显著降低。相同位移下，随着轴压比的增大，单个回路的能量消耗增加，但最终能量消耗和累积能量消耗降低。随着径厚比的增大，当径厚比从 80 增大到 120 时，试件的刚度退化和耗能能力均得到了一定程度的改善。四边直肋和对拉钢板对改善试件耗能能力的作用不明显，这是因为第一批试件的加劲肋与外钢管均采用纵向连续焊缝连接，焊接带来的局部应力集中，降低了加劲肋对试件刚度和耗能能力的改善作用。

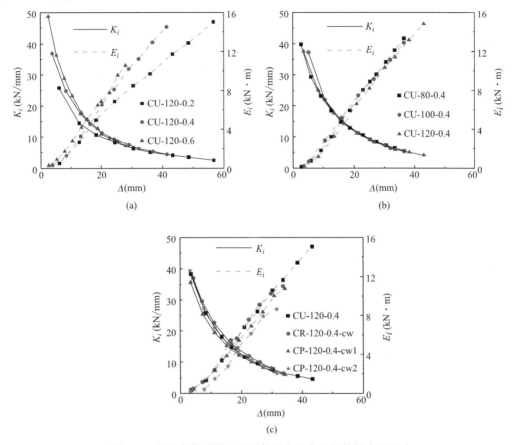

图 5.7　关键参数对第一批试件刚度退化和耗能能力的影响
（a）轴压比；（b）D/t；（c）加劲肋类型

图 5.8 讨论了不同参数的第二批试件滞回曲线的正割刚度 K_i 和积分面积 E_i 的发展情况。与第一批未加劲试件相似，随着轴压比的增大，试件的初始正割刚度增大，但其退化也更显著；相同位移下，单个滞回环的能量消耗增加，但最终能量消耗和累积能量消耗降低。加劲类型对试件初始刚度的影响不大。试件 CO 与试件 CU 相比，最终能量消耗和累积能量消耗大幅增加，而试件 CI 和试件 CR 的最终能量消耗和累积能量消耗均比试件 CU 略小。说明仅外套圆钢管加劲肋形式对薄壁圆钢管混凝土试件的刚度退化和耗能性能有明显改善。

与加劲钢管通过自攻螺钉连接的试件相比，塞焊连接试件的初始刚度更大，但刚度退化更为显著。加劲钢管的自攻螺钉连接方式可在一定程度上提高薄壁圆钢管混凝土试件的耗能能力。

5.3.3　延性分析

第一批试件的水平荷载-位移骨架曲线对比如图 5.9 所示，由正、负骨架曲线得到的性能指标如表 5.4 所示，其中 P_{max} 为水平荷载峰值，Δ_y 和 Δ_{85} 分别为屈服位移和侧向推力降至峰值荷载的 85% 时的极限位移，DR_{85} 为 Δ_{85} 对应的极限层间位移角，μ 为 Δ_y/Δ_{85}

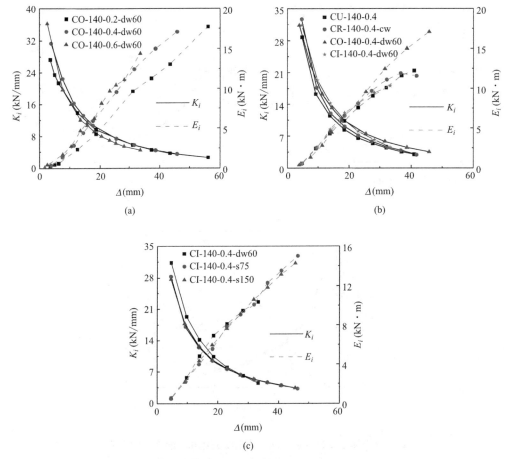

图 5.8 关键参数对第二批试件刚度退化和耗能能力的影响
(a) 轴压比；(b) 加劲肋类型；(c) 连接方式

确定的延性系数。根据图 5.9 与表 5.4 的对比，可得：

① 随着轴压比从 0.2 增加到 0.6，薄壁圆钢管混凝土试件的侧向承载能力提高了 25%，而极限位移比和延性系数分别降低了 49% 和 50%。

② 增大 D/t 对试件的强度和延性改善不大，其原因可能是不同壁厚钢管的屈服强度不同，例如，2.52mm 厚钢管的屈服强度比 3.04mm 厚钢管高 24%。

③ 总体而言，三种竖肋加劲形式对薄壁圆钢管混凝土柱的加强均未达到预期效果。由于钢管过早撕裂，加劲试件的极限变形能力和延性甚至不如未加劲试件。

④ 所有试件的极限层间位移比（DR_{85}）都远大于《建筑抗震设计规范》GB 50011—2010（2016 年版）[3] 规定的钢筋混凝土的塑性变形限值 1/50。所有未加劲试件的延性系数（μ）均高于 4，表现出良好的延性。

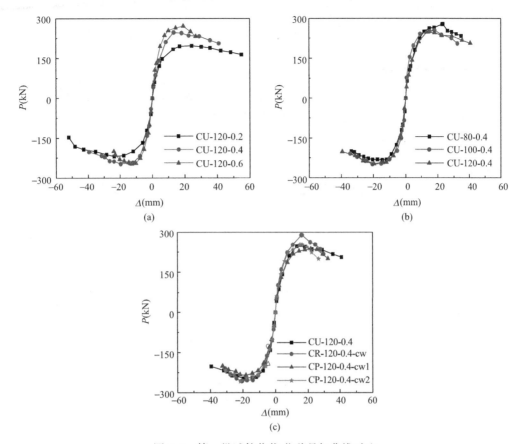

图 5.9　第一批试件荷载-位移骨架曲线对比
（a）轴压比；（b）D/t；（c）加劲肋类型

第一批试件骨架曲线特性　　　　　　　　　　　　　　表 5.4

试件编号	P_{max}(kN)	Δ_y(mm)	Δ_{85}(mm)	DR_{85}(rad)	$\mu=\Delta_{85}/\Delta_y$
CU-120-0.2	207.9	5.9	49.0	1/19.0	8.3
CU-120-0.4	247.5	6.8	36.9	1/25.2	5.4
CU-120-0.6	259.4	6.0	25.0	1/37.2	4.1
CU-80-0.4	255.8	6.3	33.1	1/28.1	5.7
CU-100-0.4	252.0	5.5	31.9	1/29.2	5.9
CR-120-0.4-cw	272.9	7.4	27.9	1/33.3	3.8
CP-120-0.4-cw1	236.2	6.6	32.5	1/28.6	5.0
CP-120-0.4-cw2	256.3	6.3	27.0	1/34.4	4.3

　　第二批试件的水平荷载-位移骨架曲线对比如图 5.10 所示，由正、负骨架曲线得到的性能指标如表 5.5 所示，根据图 5.10 与表 5.5 的对比，可得：

　　① 对于外套圆管试件，随着轴压比从 0.2 增加到 0.6，薄壁圆钢管混凝土试件的侧向承载能力无明显提高，然而极限位移比和延性系数分别降低了 39% 和 13%。

　　② 与未加劲试件相比，各加劲肋形式都能在一定程度上提高试件的侧向承载能力，提高幅度从大到小依次为 CI、CO、CR，分别提高 20.2%、18.3%、5.0%。然而，由于

焊接加劲肋对试件造成的损伤，使得加劲试件的延性能力降低。

③ 不同的连接形式对试件的承载力和延性都有一定的影响，采用自攻螺钉连接对试件侧向承载力的提高幅度虽没有采用非连续塞焊焊缝的提高幅度大，然而，能明显改善试件的延性和极限变形性能。

④ 所有试件的极限层间位移比（θ_{85}）都远大于《建筑抗震设计规范》GB 50011—2010（2016 年版）[3] 规定的钢筋混凝土的塑性变形限值 1/50。所有未加劲试件的延性系数（μ）均高于 4，表现出良好的延性。

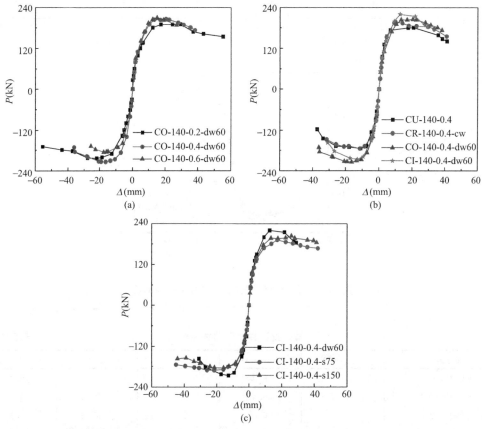

图 5.10 第二批试件荷载-位移骨架曲线对比
（a）轴压比；（b）加劲肋类型；（c）连接方式

第二批试件骨架曲线特性　　　　　　表 5.5

试件编号	P_{max}(kN)	Δ_y(mm)	Δ_{85}(mm)	DR_{85}(rad)	$\mu = \Delta_{85}/\Delta_y$
CU-140-0.4	177.4	5.5	34.8	1/26.7	6.3
CU-140-0.6	185.9	3.8	28.7	1/32.5	7.6
CR-140-0.4-cw	186.3	5.3	33.6	1/27.7	6.3
CO-140-0.2-dw	197.4	7.8	43.3	1/21.5	5.6
CO-140-0.4-dw	209.8	7.4	36.6	1/25.5	4.9
CO-140-0.6-dw	197.2	5.4	26.3	1/35.5	4.9
CO-140-0.4-s75	195.3	6.4	46.0	1/20.3	7.2
CI-140-0.4-dw	213.2	6.7	27.4	1/34.0	4.1
CI-140-0.4-s150	193.8	6.0	39.6	1/23.5	6.6
CI-140-0.4-s75	191.4	6.3	40.7	1/23.0	6.5

5.3.4　荷载-钢管应变曲线

　　为比较第一批不同参数的试件钢管应变发展情况，绘制柱底最右侧应变片对测得的应变与骨架曲线中荷载的关系曲线，如图 5.11 所示。其中，拉伸应变为正，压缩应变为负。增加轴向载荷可以显著提高钢管的应变水平，尤其是试件 CU-120-0.6，当轴向载荷比为

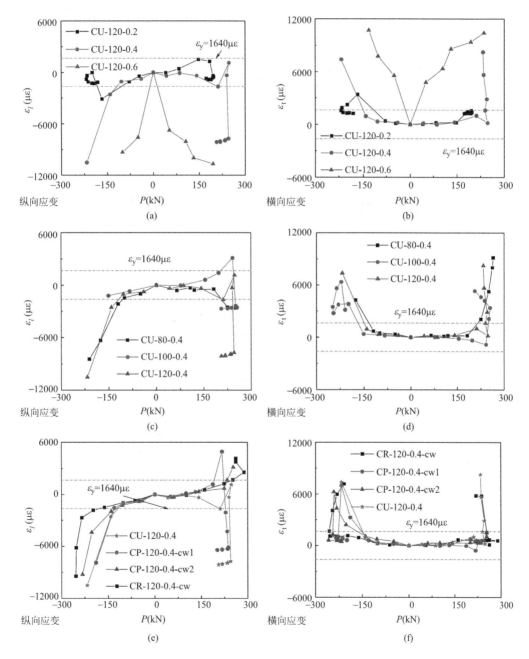

图 5.11　第一批试件荷载-钢管应变曲线对比

（a）轴压比对纵向应变的影响；（b）轴压比对横向应变的影响；（c）径厚比对纵向应变的影响；（d）径厚比对横向应变的影响；（e）不同加劲肋类型对纵向应变的影响；（f）不同加劲肋类型对横向应变的影响

0.6 时，在初始水平加载阶段，其纵向应变（ε_l）和横向应变（ε_t）均超过屈服应变，这与该试件在试验中观察到的过早局部屈曲是一致的。除试件 CU-120-0.6 外，其余试件均保持较低应变水平，直至试件屈服。此后，由于混凝土内部的塑性变形，应变发展加快。在加载后期，混凝土被压碎，逐渐失去承载能力，导致钢管内残余应变增加，钢管径厚比和加劲肋类型对应变发展影响较小。

第二批不同参数的试件钢管应变发展情况如图 5.12 所示。轴压比对试件 CO 的影响较小，但随着轴压比的增大，CO 试件钢管的应变水平仍有增大趋势。其余试件均保持较低应变水平，直至试件屈服。相同纵向屈服应变和相同环向应变时，CO-140-0.4-dw 试件的屈服荷载最大；相同水平荷载作用时，CO-140-0.4-dw 试件的应变最小，说明外套圆钢管能够有效约束主钢管的塑性变形。不同连接方式试件的钢管应变发展相差不大。

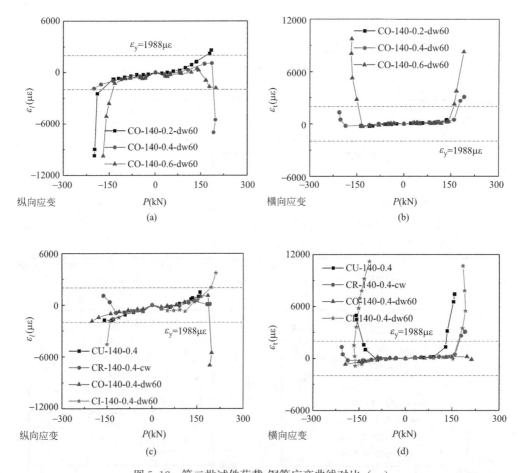

图 5.12 第二批试件荷载-钢管应变曲线对比（一）

（a）轴压比对纵向应变的影响；（b）轴压比对横向应变的影响；（c）不同加劲肋类型
对纵向应变的影响；（d）不同加劲肋类型对横向应变的影响

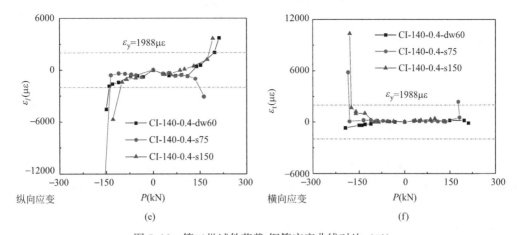

图 5.12　第二批试件荷载-钢管应变曲线对比（二）

（e）连接方式对纵向应变的影响；（f）连接方式对横向应变的影响

5.4　有限元分析

5.4.1　纤维数值模型的建立

　　基于 OpenSees 软件建立薄壁圆钢管混凝土柱的纤维数值模型，如图 5.13 所示。根据试验结果，假定柱端塑性铰高度为横截面宽度的 2/5（$H_p = 0.4D$），模型的有效高度为柱高减塑性铰高度的一半，如图 5.13（b）所示。

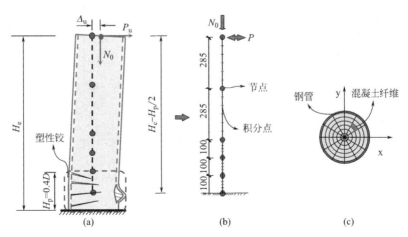

图 5.13　纤维有限元模型示意

（a）临界状态；（b）单元划分；（c）截面离散

　　与第四章薄壁方钢管混凝土柱试件类似，模型沿纵向分为 5 个单元，每个单元有 5 个积分点，单元类型为基于位移的梁柱单元（DBE）；其中，由于圆形衬管不直接承担轴向荷载和弯矩，仅对核心混凝土提供约束力，因此在模型中考虑为 20% 的衬管竖向屈服荷载；试件的加劲区域用底部三个长度为 100mm 的单元模拟，未加劲区域用顶部两个长度为 285mm 的单元模拟。钢管截面沿径向和周向离散为 1×12 根纤维，混凝土截面沿径向

和周向离散为 12×12 根纤维。分别采用材料库中的"Steel02"和"Concrete02"模型对钢管和核心混凝土进行模拟,其中"Steel02"的参数为:b＝0.01,R0＝12,cR1＝0.925,cR2＝0.15;"Concrete02"的参数根据 Han[4] 提出的应力应变关系模型确定。

5.4.2 模型验证

图 5.14 为薄壁圆钢管混凝土柱的 OpenSees 计算结果与试验滞回曲线对比。由图可知,OpenSees 计算峰值承载力与试验峰值承载力的差值均在 10% 以内。第一批试件的加劲肋通过连续焊缝与圆钢管连接且混凝土强度较高,试验曲线的强度比模拟曲线偏高;第二批试验圆钢管和衬管加劲通过塞焊或自攻螺钉非连续连接,与模拟曲线的吻合程度更好,但由于有限元建模未能考虑初始缺陷、焊接质量、残余应力、栓钉连接质量等因素对试件受力性能的影响,所以有限元荷载-位移曲线的初始刚度及耗能面积均大于试验试件。

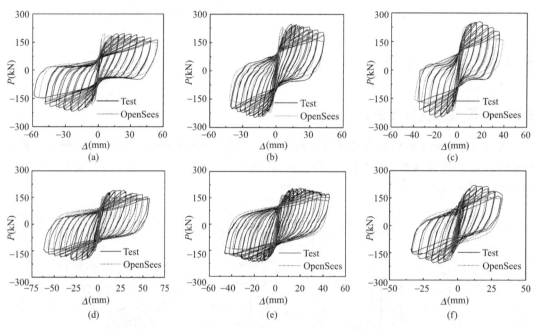

图 5.14 OpenSees 与试验荷载-位移滞回曲线对比
(a) CU-120-0.2; (b) CU-120-0.4; (c) CU-100-0.4;
(d) CO-140-0.2-dw60; (e) CO-140-0.4-dw60; (f) CI-140-0.4-dw60

5.4.3 参数分析

由于条件和资源限制,试验研究的参数范围有限,为进一步明确不同参数对构件滞回性能的影响规律,以未加劲薄壁钢管混凝土柱(衬管加劲试件有限元模型简化程度偏高)为例,开展基于纤维有限元模型的拓展参数分析,研究参数包括轴压比 n、钢管径厚比 D/t、构件长径比 L/D、钢材屈服强度 f_y 及混凝土强度等级。

(1) 分析参数的确定

根据试验结果,确定标准模型的信息如下:$D/t = 120$,$n = 0.4$,$L = 990 \text{mm}$,$D = 330 \text{mm}$,$t = 2.75$,$f_y = 345 \text{MPa}$,C30 混凝土,未加劲试件。参数取值范围为:$D/t =$

$60\sim150$，$n=0.2\sim0.6$，$L/D=2\sim5$，$f_y=235\sim420\mathrm{MPa}$，混凝土强度等级为 C30～C50。具体模型参数如表 5.6 所示。

薄壁圆钢管混凝土柱有限元模型分析参数　　　表 5.6

模型编号	D/t	$t(\mathrm{mm})$	n	$L(\mathrm{mm})$	L/D	$t_l(\mathrm{mm})$	$f_y(\mathrm{MPa})$	混凝土强度等级
CU-120-0.4-3-30	120	2.75	0.4	990	3	2.75	345	C30
CU-60-0.4-3-30	60	5.5	0.4	990	3	5.5	345	C30
CU-90-0.4-3-30	90	3.67	0.4	990	3	3.67	345	C30
CU-150-0.4-3-30	150	2.2	0.4	990	3	2.2	345	C30
CU-120-0.2-3-30	120	2.75	0.2	990	3	2.75	345	C30
CU-120-0.6-3-30	120	2.75	0.6	990	3	2.75	345	C30
CU-120-0.4-2-30	120	2.75	0.4	660	2	2.75	345	C30
CU-120-0.4-4-30	120	2.75	0.4	1320	4	2.75	345	C30
CU-120-0.4-5-30	120	2.75	0.4	1650	5	2.75	345	C30
CU-120-0.4-3-30L	120	2.75	0.4	990	3	2.75	235	C30
CU-120-0.4-3-30H	120	2.75	0.4	990	3	2.75	420	C30
CU-120-0.4-3-40	120	2.75	0.4	990	3	2.75	345	C40
CU-120-0.4-3-50	120	2.75	0.4	990	3	2.75	345	C50

（2）轴压比的影响

图 5.15 为轴压比对模型滞回性能的影响。在本章参数设置范围内，轴压比增大，模

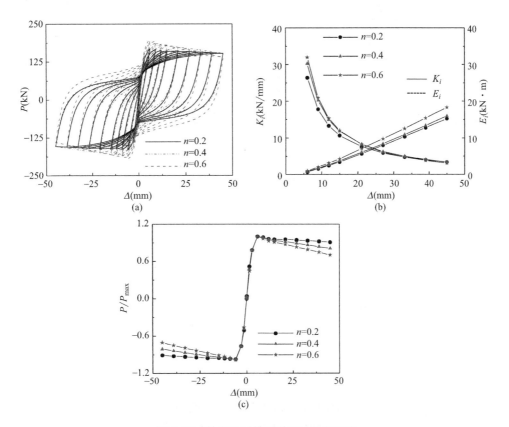

图 5.15　轴压比对模型滞回性能的影响

（a）滞回曲线；（b）刚度退化与滞回环面积；（c）骨架曲线归一化处理

型的水平峰值承载力增大，峰值后残余位移增大，滞回环更加饱满。较大轴压比模型的初始刚度更大，但刚度退化速率更快。在同一水平位移下，较大轴压比模型的滞回环面积较大，耗能能力更强，但模型的延性随轴压比的增大而减小。在工程常用轴压比范围内，未加劲薄壁钢管混凝土柱具有较好抗震能力，可满足工程抗震要求；但考虑到过大轴压比会使得薄壁钢管过早屈曲及屈服，实际工程不宜采用过高轴压比，应综合承载力、刚度、延性和耗能性能等力学指标选取轴压比。

（3）钢管径厚比的影响

钢管的径厚比与模型含钢率直接相关，是影响模型滞回性能的关键因素。如图 5.16所示，随着钢管径厚比的减小，模型水平峰值承载力显著增大，峰值后残余位移增大，滞回环更加饱满。较小钢管径厚比模型的初始刚度更大，但刚度退化速度更快。在同一水平位移下，较小钢管径厚比模型的滞回环面积更大，耗能能力更强，但模型的延性随径厚比的增大变化不明显。由于圆形钢管对核心混凝土的有效约束作用，较大钢管径厚比的未加劲试件仍具有较好的滞回性能。实际工程设计中，可根据综合考虑需求和经济性，适当增大钢管径厚比。

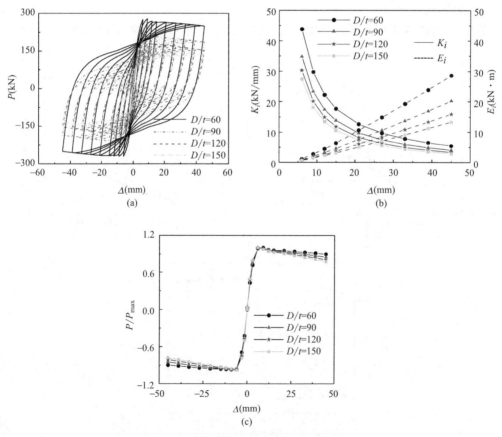

图 5.16　径厚比对模型滞回性能的影响

（a）滞回曲线；（b）刚度退化与滞回环面积；（c）骨架曲线归一化处理

（4）构件长径比的影响

图 5.17 为构件长径比对模型滞回性能的影响。长径比对滞回曲线的形状影响较大，长径比越小，模型的初始刚度越大，但刚度退化速率更快，滞回曲线越扁平。随着长径比的增大，模型的水平峰值承载力和耗能能力降低较明显，这与大长径比模型受 $P\text{-}\Delta$ 效应的影响较大有关。工程设计时，应验算薄壁圆钢管混凝土柱的长径比，以保证构件的受力性能。

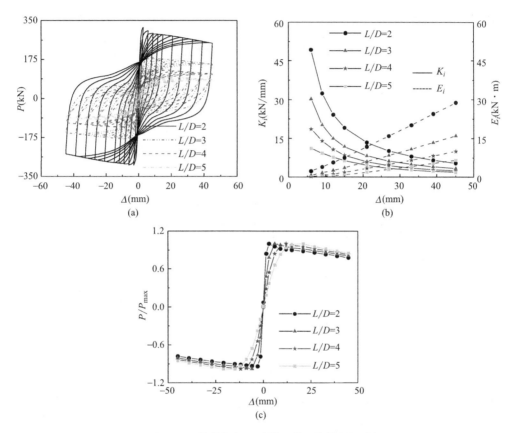

图 5.17　构件长径比对模型滞回性能的影响
(a) 滞回曲线；(b) 刚度退化与滞回环面积；(c) 骨架曲线归一化处理

（5）材料强度的影响

图 5.18 和图 5.19 分别为钢材屈服强度和混凝土强度等级对模型滞回性能的影响。随着钢材强度的提高，模型的水平峰值承载力、初始刚度增大。较高强度的钢管对核心混凝土的约束作用更强，模型的滞回环面积更大，耗能能力更强，但刚度退化略有降低，延性与较低钢管强度的模型相近。提高钢材强度可在一定程度改善薄壁圆钢管混凝土柱的滞回性能。混凝土强度等级越高，模型的初始刚度和水平峰值承载力越大，而滞回曲线的捏缩程度越大。随混凝土强度等级的增大，模型的耗能能力与延性基本保持不变。工程设计中，建议采用较高强度的钢管和混凝土，提高结构性能和经济性。

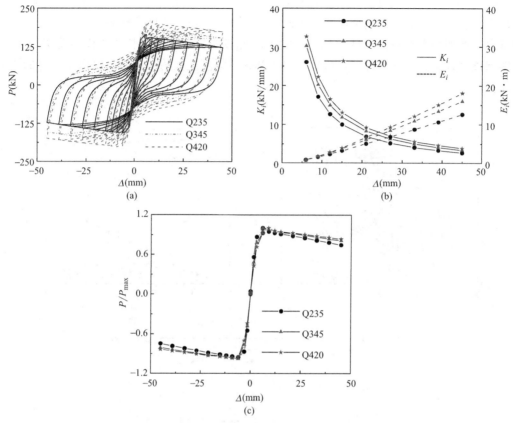

图 5.18　钢材屈服强度对模型滞回性能的影响
（a）滞回曲线；（b）刚度退化与滞回环面积；（c）骨架曲线归一化处理

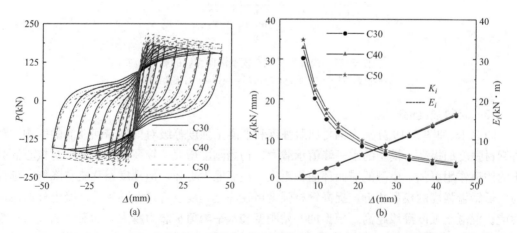

图 5.19　混凝土强度等级对模型滞回性能的影响（一）
（a）滞回曲线；（b）刚度退化与滞回环面积

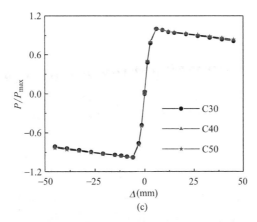

图 5.19　混凝土强度等级对模型滞回性能的影响（二）

（c）骨架曲线归一化处理

参考文献

［1］中国国家标准化管理委员会 . 钢及钢产品 力学性能试验取样位置及试样制备：GB/T 2975—2018［S］. 北京：中国质检出版社，2019.

［2］中国国家标准化管理委员会 . 金属材料 拉伸试验 第 1 部分：室温试验方法：GB/T 228.1—2010［S］. 北京：中国标准出版社，2011.

［3］中华人民共和国住房和城乡建设部 . 建筑抗震设计规范：GB 50011—2010［S］. 2016 年版 . 北京：中国建筑工业出版社，2016.

［4］韩林海 . 钢管混凝土结构 理论与实践［M］. 3 版 . 北京：科学出版社，2016.

第6章 薄壁圆钢管混凝土柱-钢梁框架节点抗震性能

为研究薄壁圆钢管混凝土柱-钢梁框架节点抗震性能，本章设计并完成了 5 个薄壁圆钢管混凝土柱-钢梁框架节点的试验研究，试验参数包括柱轴压比、环板形式以及钢梁翼缘宽度与柱直径之比。通过试验研究，获得薄壁圆钢管混凝土柱-钢梁框架节点的抗震破坏模式、荷载-位移关系曲线等，并从节点刚度、延性以及耗能等方面对薄壁圆钢管混凝土柱-钢梁框架节点抗震性能进行评估，进一步结合有限元分析结果揭示试验参数对薄壁圆钢管混凝土柱-钢梁框架节点抗震性能的影响机理。

6.1 试验方案

6.1.1 试件设计

典型平面框架结构在水平地震作用下的变形如图 6.1（a）所示，选择左梁与上、下柱反弯点之间的梁柱组合体为研究对象进行试验。组合体受力简图如图 6.1（b）所示，其中 N 表示施加于柱顶的恒定轴压力，P 为水平往复荷载。

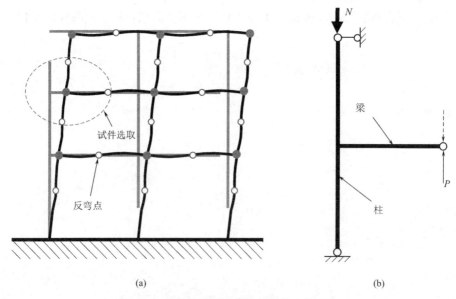

(a)   (b)

图 6.1 框架中间层中节点梁柱组合体选取

(a) 框架在水平地震作用下变形示意；(b) 梁柱组合体受力简图

为研究柱轴压比（n）、环板形式以及钢梁翼缘宽度（b_s）与柱直径 D 之比（$r_{wd} = b_s/$

D）对薄壁圆钢管混凝土-钢梁框架节点抗震性能的影响，本章设计了5个边节点试件，试件尺寸和参数分别见图6.2和表6.1。环板形式通常包括外环板、贯通环板以及内环板三种类型，但由于薄壁钢管不能保证内环板和钢梁翼缘等强连接，因此本章研究的环板形式只涉及外环板和贯通环板。为了兼顾美观和节约钢材，贯通环板的内环板占主导部分，贯通环板的外环板宽度均取为10mm以方便柱钢管外壁与环板的焊接。此外，为了消除钢梁翼缘与环板连接焊缝对节点抗震的不利影响，钢梁翼缘与环板连接位置向外偏移200mm。

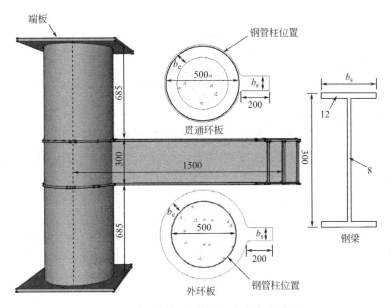

图6.2　薄壁圆钢管混凝土-钢梁框架节点

薄壁圆钢管混凝土-钢梁框架节点试件参数表　　　　　表6.1

编号	构件名称	b_s(mm)	环板形式	n	环板宽度 b_e(mm)	r_{wd}
1	CN-100-6-0	100	贯通环板	0	85	0.2
2	CN-100-6-1	100	贯通环板	0.1	85	0.2
3	CN-150-6-1	150	贯通环板	0.1	125	0.3
4	CW-100-6-1	100	外环板	0.1	85	0.2
5	CW-200-6-1	200	外环板	0.1	165	0.4

① 试件的命名方法：C表示薄壁钢管混凝土为圆形；W表示环板形式采用外环板；N表示环板形式采用贯通环板；100表示钢梁翼缘宽度为100mm；6表示柱钢管厚度为6mm；1表示试件的轴压比为0.1。

② b_s为钢梁翼缘宽度；b_e为环板宽度，根据《钢管混凝土结构技术规范》GB 50936—2014附录C进行计算[1]；$r_{wd}=b_s/D$；n为轴压比，$n=N/(A_c f_c+A_s f_{yc})$，N为柱的轴压荷载，A_c为柱截面混凝土面积，A_s为柱截面钢管的面积，f_c为柱内混凝土抗压强度，f_{yc}为柱钢管抗拉屈服强度。

6.1.2　材料指标

试验所用的混凝土为 C40 细石混凝土，针对 C40 细石混凝土制备的立方体 150×150×150（mm）、棱柱体 150×150×300（mm）和圆柱体 150×300（mm）试块进行抗压强度的测试，测试方法依据《混凝土物理力学性能试验方法标准》GB/T 50081—2019[2] 进行。抗压强度取值为每组（3 个）试块实测抗压强度的平均值，C40 细石混凝土抗压强度取值见表 6.2。

混凝土抗压强度　　　　　　　　　　　　　　　表 6.2

试块	立方体	棱柱体	圆柱体
抗压强度(MPa)	37.5	32.3	31.5

试验所用的钢板包括 4mm、6mm、8mm 和 12mm 四种，钢材等级选用 Q345。针对不同厚度钢板的标准拉伸试件，按照《金属材料 拉伸试验 第 1 部分：室温试验方法》GB/T 228.1—2010[3] 进行材性测试，材性参数见表 6.3，其中屈服强度、极限强度均通过实测钢板厚度计算得到。

钢板材性表　　　　　　　　　　　　　　　表 6.3

类别	实测厚度(mm)	屈服强度 f_y(MPa)	极限强度 f_u(MPa)
4mm 钢板	3.55	445.1	587.0
6mm 钢板	5.42	437.3	576.8
8mm 钢板	7.38	415.2	552.8
12mm 钢板	11.42	409.8	538.0

6.1.3　加载与测量装置

薄壁圆钢管混凝土柱-钢梁框架节点抗震性能的加载与测量装置见图 6.3 和图 6.4。试件采用梁端往复加载方式测试节点的抗震性能，梁端往复水平力通过固定在反力墙上的水平千斤顶进行施加；柱两端通过单向活动铰与固定在地面上的反力架进行相连，柱一端采用水平千斤顶施加柱轴力。梁端加载点到柱中线的垂直距离 L 为 1500mm，柱两端的单向活动铰间距 H 为 2000mm。为防止钢梁发生平面外失稳，设置了钢梁侧向支撑。梁端水平位移通过拉线式位移计（DT-1）进行测量，梁柱相对转角由两个百分表（DT-2 和 DT-3）进行测量，梁端水平推拉力和柱轴力均通过力传感器进行测量。

梁端往复加载是采用位移控制加载制度（图 6.5），对于每级层间位移角 δ，滞回两圈，直至试件破坏（δ=1/500，1/250，1/100，1/75，1/50，1/33，1/25，1/20，1/15，1/12，1/10，1/8）。其中，δ 定义为 U/L，U 是梁端的侧向位移。试件破坏的标准为梁端水平力下降至其峰值承载力的 85% 以下。

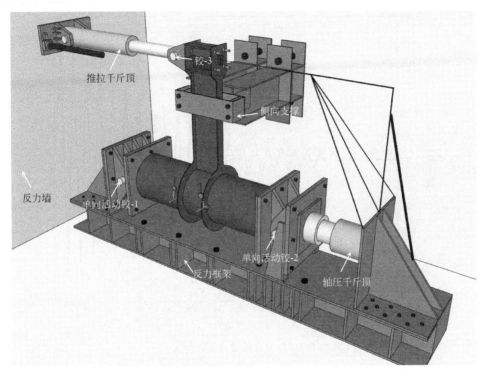

图 6.3　节点抗震加载装置

图 6.4　节点抗震测量装置

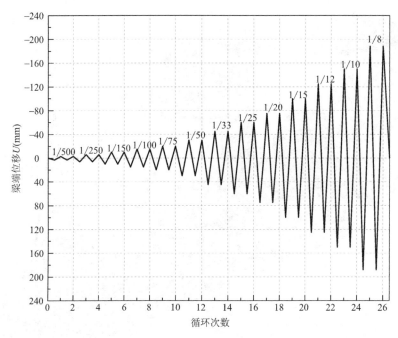

图 6.5　节点拟静力加载制度

6.2　试验结果分析

6.2.1　破坏模式分析

薄壁圆钢管混凝土柱-钢梁框架节点的破坏形态主要包括柱钢管断裂、钢梁翼缘屈曲、钢梁翼缘断裂、环板屈曲、环板断裂以及环板与混凝土分离。描述节点破坏现象时，规定梁端水平位移向右为正，梁端水平推力为正。

（a）试件 CN-100-6-0

图 6.6 和图 6.7 分别为试件 CN-100-6-0 的破坏形态图和荷载-位移关系曲线图。当层间位移角达到 1/20 时，钢梁翼缘发生屈曲；当层间位移角达到 1/15 时，梁翼缘断裂，梁端水平推力达到峰值。试验结束后，切除上下薄壁钢管混凝土柱可以观察到环板与节点核心混凝土发生了分离，说明环板存在一定的非弹性变形。综上所述，试件 CN-100-6-0 的破坏模式属于梁破坏。

（b）试件 CN-100-6-1

图 6.8 和图 6.9 分别为试件 CN-100-6-1 的破坏形态图和荷载-位移关系曲线图。当层间位移角达到 1/33 时，环板发生平面内变形，导致环板处的柱钢管发生开裂；当层间位移角达到 1/25 时，钢梁翼缘发生屈曲；当层间位移角达到 1/20 时，梁端水平推力达到峰值；当层间位移角达到 1/15 时，钢梁翼缘发生断裂。试验结束后，切除上下薄壁钢管混凝土柱可以观察到环板与节点核心混凝土发生了分离，说明环板存在一定的非弹性变形。综上所述，试件 CN-100-6-1 的破坏模式属于梁破坏。

图 6.6　试件 CN-100-6-0 的破坏形态

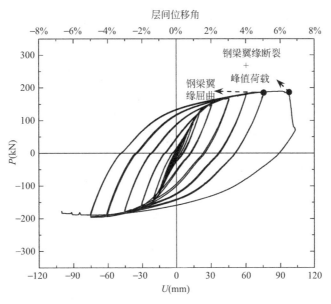

图 6.7　试件 CN-100-6-0 的荷载-位移关系曲线

（c）试件 CN-150-6-1

图 6.10 和图 6.11 分别为试件 CN-150-6-1 的破坏形态图和荷载-位移关系曲线图。当层间位移角达到 1/33 时，钢梁翼缘发生屈曲；当层间位移角达到 1/20 时，梁翼缘断裂，梁端水平推力达到峰值。试验结束后，切除上下薄壁钢管混凝土柱可以观察到环板与节点

图 6.8　试件 CN-100-6-1 的破坏形态

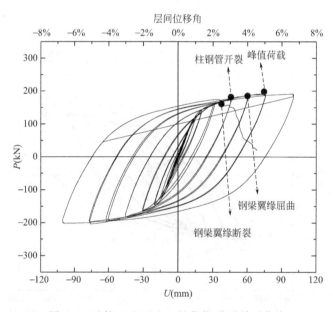

图 6.9　试件 CN-100-6-1 的荷载-位移关系曲线

核心混凝土发生了轻微分离,说明环板存在较小的非弹性变形。综上所述,试件 CN-150-6-1 的破坏模式属于梁破坏。

　　(d) 试件 CW-100-6-1

　　图 6.12 和图 6.13 分别为试件 CW-100-6-1 的破坏形态图和荷载-位移关系曲线图。当层间位移角达到 1/25 时,环板发生平面内变形,导致环板处的柱钢管发生开裂;当

图 6.10　试件 CN-150-6-1 的破坏形态

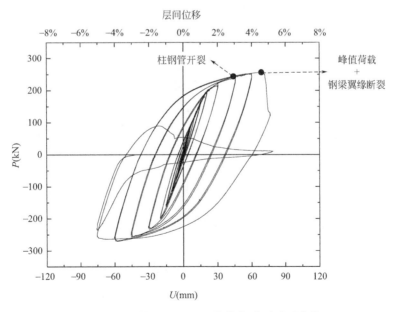

图 6.11　试件 CN-150-6-1 的荷载-位移关系曲线

层间位移角达到 1/20 时，外环板发生屈曲，同时梁端水平推力达到峰值；当层间位移角达到 1/15 时，外环板发生断裂。综上所述，试件 CW-100-6-1 的破坏模式属于环板破坏。

图 6.12　试件 CW-100-6-1 的破坏形态

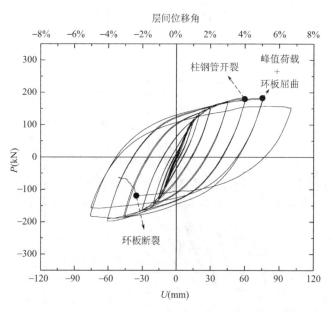

图 6.13　试件 CW-100-6-1 的荷载-位移关系曲线

（e）试件 CW-200-6-1

图 6.14 和图 6.15 分别为试件 CW-200-6-1 的破坏形态图和荷载-位移关系曲线图。当层间位移角达到 1/33 时，钢梁翼缘发生屈曲；当层间位移角达到 1/25 时，环板处的柱钢管开裂，同时梁端水平推力达到峰值；峰值荷载后，柱钢管进一步开裂，钢梁翼缘屈曲加重，梁端水平推力下降至峰值荷载的 85% 后加载停止。综上所述，试件 CW-200-6-1 的破坏模式属于梁破坏。

图 6.14　试件 CW-200-6-1 的破坏形态

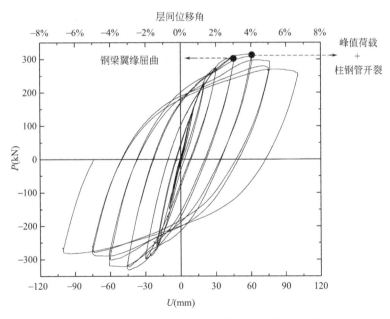

图 6.15　试件 CW-200-6-1 的荷载-位移关系曲线

　　综上所述，试件 CN-150-6-1 和 CW-200-6-1 的破坏模式均为梁破坏，说明《钢管混凝土结构技术规范》GB 50936—2014 附录 C 中的环板宽度计算方法仍适用薄壁圆钢管混凝土柱-钢梁框架节点（钢管径厚比为 83.3）；虽然试件 CN-100-6-0 和 CN-100-6-1 的破坏模式为梁破坏，但环板存在一定的非弹性变形，造成了节点刚度的下降；试件 CW-100-6-1 的破坏模式为环板破坏，说明《钢管混凝土结构技术规范》GB 50936—2014 附录 C 中的环板宽度计算方法不适用于 r_{wd} 小于 0.25 的外环板式薄壁圆钢管混凝土柱-钢梁框架节点。

6.2.2 荷载-位移曲线分析

（1）骨架曲线

根据《建筑抗震试验规程》JGJ/T 101—2015[4]，骨架曲线为各级加载第一次循环时对应峰值点的连线。骨架曲线是分析变形能力和延性系数的基础，图 6.16 为各试件的骨架曲线。采用整体屈服点法[5] 确定试件的屈服荷载 P_y 和屈服位移 Δ_y。试件的极限荷载 P_u 对应于峰值荷载的 85%，若试件未能下达到峰值荷载的 85% 就发生断裂，断裂点对应的荷载为极限荷载，极限荷载 P_u 对应的位移即为极限位移 Δ_u。各试件的正向特征点信息见表 6.4。

《钢管混凝土结构技术规范》GB 50936—2014 中规定，钢管混凝土框架结构弹性和弹塑性层间位移角的限值分别 1/450 和 1/50。从表 6.4 可以看出，薄壁圆钢管混凝土柱-钢梁框架节点的弹性和弹塑性位移角均远远大于规范限制，说明了节点具有良好的变形能力。此外，延性常常被用来作为衡量试件塑性变形能力，延性系数 μ 可通过下式计算：

$$\mu = \Delta_u / \Delta_y \tag{6-1}$$

从表 6.4 可以看出，试件的延性系数范围为 3.4～4.5，说明薄壁圆钢管混凝土柱-钢梁框架节点具有较好的塑性变形能力。

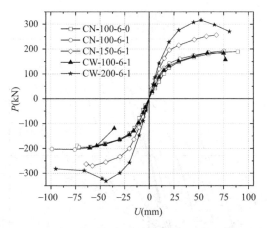

图 6.16 薄壁圆钢管混凝土柱-钢梁框架节点骨架曲线

试件正向特征点与延性系数　　　　　　　　　　　　表 6.4

试件编号	屈服点		极限点		延性系数	规范值	
	荷载(kN)	位移(mm)	荷载(kN)	位移(mm)		弹性位移(mm)	弹塑性位移(mm)
CN-100-6-0	125	20	189	90	4.5		
CN-100-6-1	142	20	192	75	3.75		
CN-150-6-1	195	20	256	68	3.4	3.3	30
CW-100-6-1	131	20	184	75	3.75		
CW-200-6-1	228	20	270	81	4.05		

（2）耗能曲线

试件耗能能力可用滞回曲线所包围面积来衡量，研究中常采用等效黏滞阻尼系数 (h_e) 来评价耗能能力，h_e 定义如下：

$$h_e = E_d/(2\pi) \tag{6-2}$$

式中，E_d 为能量耗散系数，含义为一个滞回环的耗散能量与其对应弹性能的比值，可通过下式进行计算：

$$E_d = \frac{S_{ABC}+S_{CDA}}{S_{OBE}+S_{ODF}} \tag{6-3}$$

式中，$S_{ABC}+S_{CDA}$ 为构件滞回曲线所耗散的能量，$S_{OBE}+S_{ODF}$ 为等效弹性体产生相同位移时对应的弹性能，如图 6.17 所示。经计算得到，峰值荷载时薄壁圆钢管混凝土柱-钢梁框架节点的等效黏滞阻尼系数范围为 0.16～0.17。一般而言，钢筋混凝土框架节点的等效黏滞阻尼系数一般为 0.1 左右，因此薄壁圆钢管混凝土柱-钢梁框架节点具有较好的耗能能力。

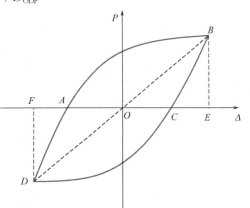

图 6.17　能量耗散系数

采用累计半周耗能 E_{total} 和半周耗能 E_h 来表示试件的实际耗能能力，图 6.18 给出了各试件的半周耗能 E_h 和累计半周耗能 E_{total} 的情况。从图中可以看出，试件 E_h 随着位移加载级别增大呈现阶梯状；试件的钢梁翼缘越宽，相同位移级别时试件的半周耗能越大。

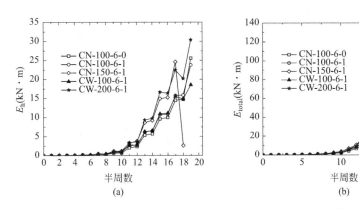

图 6.18　薄壁圆钢管混凝土柱-钢梁框架节点耗能分析
（a）半周耗能；（b）累积半周耗能

6.2.3　节点刚度分析

根据节点弯矩-节点转角曲线，梁柱节点按刚度可分为刚性节点、半刚性节点和名义铰接节点。节点弯矩 M 和节点转角 θ 可通过下式进行计算：

$$M = P \times L_b \tag{6-4}$$

$$\theta = (U_{DT-2} - U_{DT-3})/h \tag{6-5}$$

式中，P 为梁端水平力；L_b 为梁端水平力加载点与环板的净距；U_{DT-2} 和 U_{DT-3} 分别为位移计 DT-2 和 DT-3 的测量值；h 为位移计 DT-2 和 DT-3 的中心距。EC3[6] 给出了无侧移框架梁柱节点分类的依据，其中刚性节点与半刚性节点的分界线为：

$$M/M_p = \begin{cases} 8 \times \dfrac{\theta}{\theta_p} & M/M_p \leqslant 2/3 \\ \dfrac{20 \times \dfrac{\theta}{\theta_p} + 3}{7} & 1 \geqslant M/M_p \geqslant 2/3 \end{cases} \tag{6-6}$$

式中，M_p 为钢梁的计算塑性弯矩值；θ_p 为梁端计算塑性转角，按下式计算：

$$\theta_p = 2M_p L/(EI_n) \tag{6-7}$$

式中，$2L$ 为柱中心间距；E 为钢材的弹性模量；I_n 为钢梁截面的抗弯惯性矩。半刚性节点与名义铰接节点的分界线为：

$$M/M_p = 0.5 \times \theta/\theta_p \tag{6-8}$$

图 6.19 为薄壁圆钢管混凝土柱-钢梁框架节点分类情况。从图可以看出，相对于外环板式节点而言，贯通环板式节点的刚度更大；相对于试件 CN-150-6-1 而言，试件 CN-100-6-1 的节点刚度在加载后期退化更严重，这是由于环板在加载后期发生较大的非弹性变形所导致的，说明对于 r_{wd} 越小的节点按照《钢管混凝土结构技术规范》GB 50936—2014 附录 C 设计会得到越小的节点刚度；试件 CW-100-6-1 为半刚性节点，进一步验证了《钢管混凝土结构技术规范》GB 50936—2014 附录 C 中的环板宽度计算方法不适用于 r_{wd} 小于 0.25 的外环板式钢管混凝土柱-钢梁框架节点。

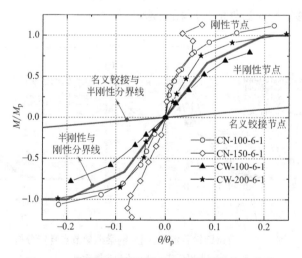

图 6.19　薄壁圆钢管混凝土柱-钢梁框架节点分类

6.2.4　变形组成分析

由于大直径薄壁圆钢管混凝土梁柱节点的剪切变形较小，因此梁端水平位移 U 主要由两部分组成：钢梁弯曲变形引起的梁端水平位移 U_b；节点转角引起的梁端水平位移 U_r。U_b 和 U_r 由下式进行计算：

$$U_r = \theta L_b \tag{6-9}$$

$$U_b = U - U_r \tag{6-10}$$

图 6.20 为薄壁圆钢管混凝土柱-钢梁框架节点的变形组成，从图可以看出，所有试件的 U_r/U 均先急剧增加再进入平稳段，说明环板非弹性变形在加载前期发展迅速。试件 CN-150-6-1 的初始 U_r/U 最小，这与试件 CN-150-6-1 的初始节点刚度最大相一致。对于刚性节点（试件 CN-100-6-1、CN-150-6-1 和 CW-100-6-1），U_r/U 范围为 $4.7\%\sim30.6\%$；对于非刚性节点（试件 CW-100-6-1），U_r/U 范围为 $35.4\%\sim55.6\%$。所有试件的 U_r/U 在加载后期均较大，说明环板的非弹性变形对节点刚度影响显著，尤其对于 $r_{wd}<0.25$ 的外环式薄壁圆钢管混凝土柱-钢梁框架节点而言。

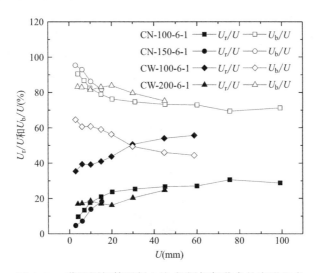

图 6.20　薄壁圆钢管混凝土柱-钢梁框架节点的变形组成

6.3　有限元分析

6.3.1　有限元模型的建立

（1）材料本构模型

薄壁圆钢管混凝土柱-钢梁框架节点的有限元模型结果主要取决于钢材本构的定义。钢材的应力-应变关系曲线采用经典双折线，同时考虑钢材断裂对节点有限元模型结果的影响，简单化地将钢材极限应变后的应力设为 0，因此钢材的应力-应变关系曲线（σ-ε）可采用下式计算：

$$\sigma = \begin{cases} E\times\varepsilon & \varepsilon\leqslant\varepsilon_y \\ f_y+0.01E(\varepsilon-\varepsilon_y) & \varepsilon_y\leqslant\varepsilon\leqslant\varepsilon_u \\ 0 & \varepsilon_u\leqslant\varepsilon \end{cases} \tag{6-11}$$

式中，E 为钢材的弹性模量，取值为 2.06×10^5 MPa；屈服应变 $\varepsilon_y=f_y/E$；钢材的屈服应力 f_y 和极限拉应变均由钢材材性试验得到。为了保证有限元模型收敛，钢材应力-应变关系曲线下降段曲率可适当地降低。此外，混凝土本构同 2.3 节。

（2）单元选取与网格划分

薄壁圆钢管混凝土柱-钢梁框架节点涉及以下几种部件：钢管、钢梁、环板以及混凝土。钢管、钢梁以及环板采用 4 节点线性缩减积分的壳单元（S4R），混凝土采用 8 节点六面体缩减积分的三维实体单元（C3D8R）。通过对网格精度的测试对比，网格尺寸最终取为 30mm。

（3）接触与约束关系

钢管、钢梁和环板之间均是通过 Merge 进行约束，以模拟钢材之间的焊接。钢管与混凝土界面采用面-面接触（Surface to Surface），法线方向的接触采用"硬"接触（Hard contact），切线方向的滑移采用"罚"函数库伦摩擦，截面摩擦系数 μ 取 0.6。

（4）边界条件与加载方式

为了减少边界条件对有限元模型结果的影响，有限元模型的边界条件将按照试验装置实际情况进行简化。图 6.21 为有限元模型的边界条件和加载方式，边界条件和荷载施加均是施加在各个参考点上，各个参考点耦合对应端面的所有自由度。

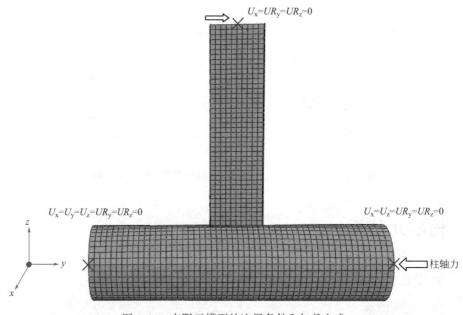

图 6.21　有限元模型的边界条件和加载方式

6.3.2　有限元模型的验证

（1）荷载-位移曲线对比

图 6.22 为薄壁圆钢管混凝土柱-钢梁框架节点的荷载-位移曲线对比情况。从图中可以看出，相同梁端水平位移情况下，有限元的梁端水平推力普遍高于试验的梁端水平推力，这是由于 6.3.1 节中钢材本构未考虑损伤因素且边界条件存在偏差所引起的；有限元的荷载-位移曲线对称性较好，而试验的正负峰值荷载偏差较大，这是由于 6.3.1 节中钢材本构未考虑损伤累计所引起的。总体上而言，峰值点前有限元结果与试验结果在初始刚度、峰值位移以及峰值荷载等方面均吻合较好。表 6.5 给出了薄壁圆钢管混凝土柱-框架节点

的峰值荷载对比表，其中 P_{em} 和 P_{fm} 分别为有限元和试验的峰值荷载平均值，从图可以看出，P_{fm} 与 P_{em} 的比值在 $0.99\sim1.08$ 范围，满足工程精度的要求。

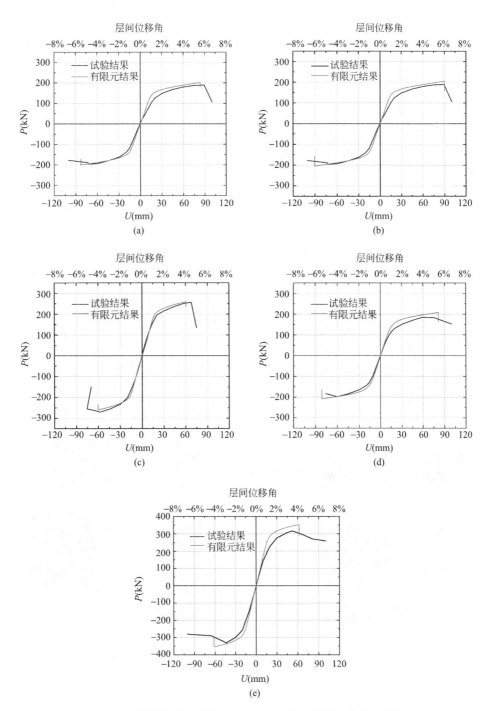

图 6.22 薄壁圆钢管混凝土柱-钢梁框架节点的荷载-位移曲线对比

(a) 试件 CN-100-6-0；(b) 试件 CN-100-6-1；(c) 试件 CN-150-6-1；

(d) 试件 CW-100-6-1；(e) 试件 CW-200-6-1

试件编号	试验峰值荷载 P_{em}(kN)	有限元峰值荷载 P_{fm}(kN)	P_{fm}/P_{em}
CN-100-6-0	191.6	199.8	1.04
CN-100-6-1	198.4	196.6	0.99
CN-150-6-1	260.6	257.4	0.99
CW-100-6-1	188.2	205.5	1.08
CW-200-6-1	319.7	323.0	1.01

薄壁圆钢管混凝土柱-框架节点的峰值荷载对比表　　　表 6.5

（2）破坏模式对比

验证有限元结果的可靠性不仅要求荷载-位移曲线吻合较好还需要破坏模式基本一致，下面以 CW-100-6-1 为例来介绍破坏模式的对比。从 6.2 节可知，试件 CW-100-6-1 的试验现象主要包括柱钢管断裂、环板断裂以及环板屈曲。图 6.23 给出了试件 CW-100-6-1 的破坏模式对比情况，从图中可以看出，有限元模型的高应力区对应着柱钢管和环板的断裂部位，且有限元模型和试验表现出一致的环板屈曲模式，说明有限元模型与试验在破坏模式方面也吻合较好。

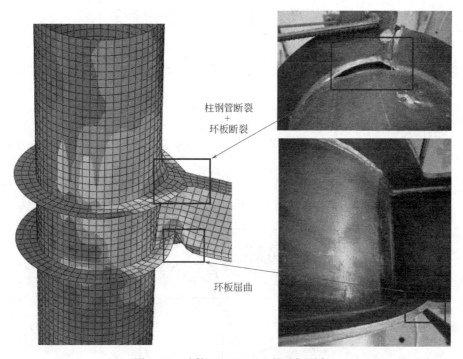

柱钢管断裂
+
环板断裂

环板屈曲

图 6.23　试件 CW-100-6-1 的破坏形态

6.3.3　参数分析

环板是薄壁圆钢管混凝土柱-钢梁框架节点的主要传力部件，为了深入分析环板力学性能，需要基于验证后的有限元模型进行参数化分析。环板力学性能主要受以下参数影响：柱轴压比 n、钢梁翼缘宽度与柱直径比值 r_{wd}、柱钢管径厚比 D/t、环板宽度 b_e 以及

钢材强度 f。参数化分析时,节点的基本模型为:钢管混凝土柱直径 500mm,柱钢管厚度 6mm,钢梁截面尺寸为 HN300×100×8×12,外环板宽度 85mm,梁端加载点对柱中心线垂直距离 L 为 1500mm,混凝土强度等级 C40,钢材强度等级为 Q345,柱的轴压比为 0.1。为了保证有效地评估各参数对环板力学性能的影响,应保证所有有限元模型均发生环板破坏。

（1）柱轴压比

图 6.24 给出了 n 对薄壁圆钢管混凝土柱-钢梁框架节点力学性能的影响规律,从图中可以看出,节点弯矩-转角曲线和节点抗弯屈服弯矩均不随轴压比改变而改变,说明轴压比对环板的力学性能影响很小。

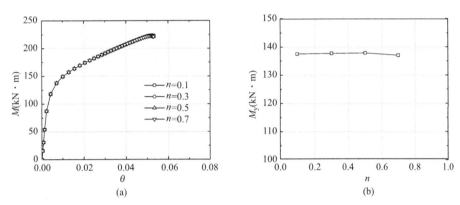

图 6.24　n 对薄壁圆钢管混凝土柱-钢梁框架节点力学性能的影响
（a）节点弯矩-转角曲线；（b）节点抗弯屈服弯矩

（2）钢梁翼缘宽度与柱宽度比值

图 6.25 给出了 r_{wd} 对薄壁圆钢管混凝土柱-钢梁框架节点力学性能的影响规律,从图中可以看出,节点弯矩-转角曲线的初始刚度和节点抗弯屈服弯矩均随着 r_{wd} 的增大而增大。r_{wd} 越大,相同的钢梁翼缘拉力引起的环板内弯矩越小的,环板变形就越小,从而初始刚度越大。此外,当 r_{wd} 超过 0.18 时,节点抗弯屈服弯矩增幅有所下降,这是由于环板抗剪逐渐占据主导作用。

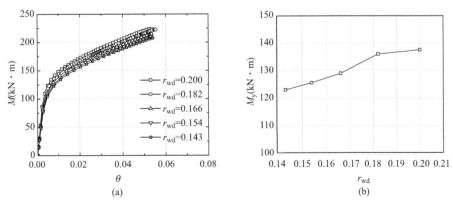

图 6.25　r_{wd} 对薄壁圆钢管混凝土柱-钢梁框架节点力学性能的影响
（a）节点弯矩-转角曲线；（b）节点抗弯屈服弯矩

（3）柱钢管径厚比

图 6.26 给出了 D/t 对薄壁圆钢管混凝土柱-钢梁框架节点力学性能的影响规律，从图中可以看出，节点弯矩-转角曲线的初始刚度和节点抗弯屈服弯矩均随着 D/t 的增大而减小，这是由于圆钢管具有一定的面外刚度，能够与圆环板协调受力。

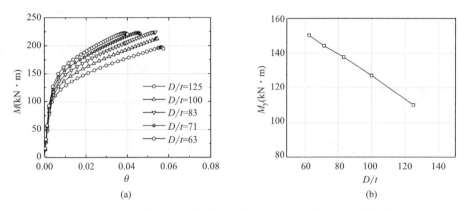

图 6.26　D/t 对薄壁圆钢管混凝土柱-钢梁框架节点力学性能的影响
(a) 节点弯矩-转角曲线；(b) 节点抗弯屈服弯矩

（4）环板宽度

图 6.27 给出了 b_e 对薄壁圆钢管混凝土柱-钢梁框架节点力学性能的影响规律，从图中可以看出，节点弯矩-转角曲线的初始刚度和节点抗弯屈服弯矩均随着 b_e 的增大而增大。

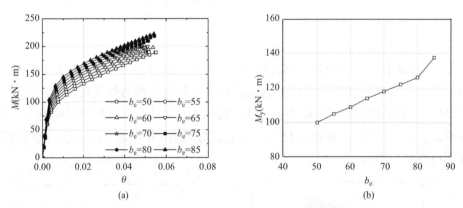

图 6.27　b_e 对薄壁圆钢管混凝土柱-钢梁框架节点力学性能的影响
(a) 节点弯矩-转角曲线；(b) 节点抗弯屈服弯矩

（5）钢材强度

图 6.28 给出了 f 对薄壁圆钢管混凝土柱-钢梁框架节点力学性能的影响规律，从图中可以看出，节点弯矩-转角曲线的初始刚度受 f 的影响很小，这是由于不同强度的钢材具有相同的弹性模量；节点抗弯屈服弯矩与 f 成正相关。

综上所述，环板宽度、柱钢管径厚比和钢材屈服强度显著地影响节点抗弯屈服弯矩，钢梁翼缘宽度与柱宽度比值对节点抗弯屈服强度影响较大，柱轴压比对节点抗弯屈服强度几乎没影响。

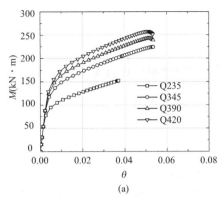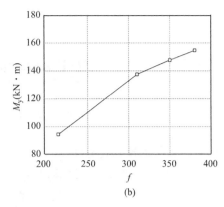

图 6.28　f 对薄壁圆钢管混凝土柱-钢梁框架节点力学性能的影响

(a) 节点弯矩-转角曲线；(b) 节点抗弯屈服弯矩

参考文献

[1] 中华人民共和国住房和城乡建设部．钢管混凝土结构技术规范：GB 50936—2014 [S]．北京：中国建筑工业出版社，2014.

[2] 中华人民共和国住房和城乡建设部．混凝土物理力学性能试验方法标准：GB/T 50081—2019 [S]．北京：中国建筑工业出版社，2019.

[3] 中国国家标准化管理委员会．金属材料 拉伸试验 第 1 部分：室温试验方法：GB/T 228.1—2010 [S]．北京：中国标准出版社，2011.

[4] 余勇，吕西林，田中清，等，方钢管混凝土柱与钢梁连接的拉伸试验研究 [J]．结构工程师，1999，01：23-28.

[5] 过镇海，时旭东．钢筋混凝土原理和分析 [M]．北京：清华大学出版社，2003.

[6] Eurocode 3，Design of Steel Structures，European Committee for Standardisation [S]．(CEN)，1992.

第7章 薄壁方钢管混凝土柱-钢梁框架节点抗震性能

为研究薄壁方钢管混凝土柱-钢梁框架节点抗震性能，本章设计并完成了6个薄壁方钢管混凝土柱-钢梁框架节点的试验研究，试验参数包括柱轴压比、柱钢管径厚比、环板形式以及钢梁翼缘宽度与柱直径之比。通过试验研究，获得薄壁方钢管混凝土柱-钢梁框架节点的抗震破坏模式、荷载-位移关系曲线等，并从节点刚度、延性以及耗能等方面对薄壁方钢管混凝土柱-钢梁框架节点抗震性能进行评估，进一步结合有限元分析结果揭示试验参数对薄壁方钢管混凝土柱-钢梁框架节点抗震性能的影响机理。

7.1 试验方案

为研究柱轴压比（n）、环板形式（外环板、贯通环板）、柱钢管宽厚比（B/t）以及钢梁翼缘宽度（b_s）与柱宽度 B 之比（$r_{wb}=b_s/B$）对薄壁方钢管混凝土-钢梁框架节点抗震性能的影响，本章设计了6个边节点试件，试件尺寸和参数分别见图 7.1 和表 7.1。此外，为了消除钢梁翼缘与环板连接焊缝对节点抗震的不利影响，钢梁翼缘与环板连接位置向外偏移 200mm。

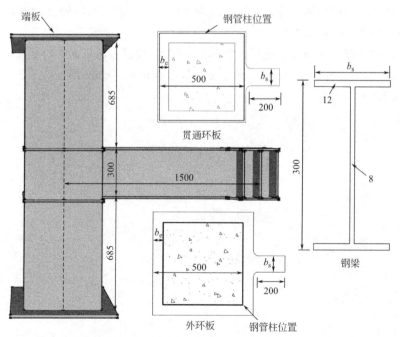

图 7.1 薄壁方钢管混凝土-钢梁框架节点

薄壁方钢管混凝土-钢梁框架节点试件参数表　　　　表 7.1

编号	构件名称	b_s (mm)	环板形式	n	环板宽度 b_e(mm)	r_{wb}	钢管宽厚比
1	SN-100-4-1	100	贯通环板	0.1	70	0.2	125
2	SN-100-6-0	100	贯通环板	0.1	65	0.2	83.3
3	SN-100-6-1	100	贯通环板	0.1	65	0.2	83.3
4	SN-150-6-1	150	贯通环板	0.1	100	0.3	83.3
5	SW-100-6-1	100	外环板	0.1	65	0.2	83.3
6	SW-200-6-1	200	外环板	0.1	130	0.4	83.3

　　薄壁方钢管混凝土柱-钢梁框架节点抗震性能研究过程中的材料指标、加载装置、测量装置以及加载制度均与 6.1 节相同，在此不再重复介绍。

　　① 试件的命名方法：S 表示薄壁钢管混凝土为方形；W 表示环板形式采用外环板；N 表示环板形式采用贯通环板；100 表示钢梁翼缘宽度为 100mm；1 表示试件的轴压比为 0.1。

　　② b_s 为钢梁翼缘宽度；b_e 为环板宽度，取值均大于按《矩形钢管混凝土结构技术规程》CECS 159：2004[1] 得到的环板宽度设计值；$r_{wb} = b_s/B$；n 为轴压比，$n = N/(A_c f_c + A_s f_{yc})$，$N$ 为柱的轴压荷载，A_c 为柱截面混凝土面积，A_s 为柱截面钢管的面积，f_c 为柱内混凝土抗压强度，f_{yc} 为柱钢管抗拉屈服强度。

7.2　试验结果分析

7.2.1　破坏模式分析

　　薄壁方钢管混凝土柱-钢梁框架节点的破坏形态主要包括柱钢管断裂、环板屈曲、环板断裂、钢梁翼缘开裂以及环板与混凝土分离。描述节点破坏现象时，规定梁端水平位移向右为正，梁端水平推力为正。

　　（a）试件 SN-100-4-1

　　图 7.2 和图 7.3 分别为试件 SN-100-4-1 的破坏形态图和荷载-位移关系曲线图。当层间位移角达到 1/75 时，节点由弹性阶段进入塑性阶段；当层间位移角达到 1/15 时，环板发生平面内变形，导致环板处的柱钢管发生开裂，且角部环板发生明显变形，表明角部环板已开裂；当层间位移角达到 1/8 时，由于柱钢管发生严重断裂，导致钢梁翼缘与环板交接处的应力过大，钢梁翼缘发生开裂，同时梁端荷载骤降。试验结束后，切除上下薄壁钢管混凝土柱可以观察到环板与节点核心混凝土发生了严重分离，角部环板发生断裂。综上所述，试件 SN-100-4-1 的破坏模式属于环板破坏。

　　（b）试件 SN-100-6-0

　　图 7.4 和图 7.5 分别为试件 SN-100-6-0 的破坏形态图和荷载-位移关系曲线图。当层间位移角达到 1/75 时，节点由弹性阶段进入塑性阶段；当层间位移角达到 1/15 时，环板

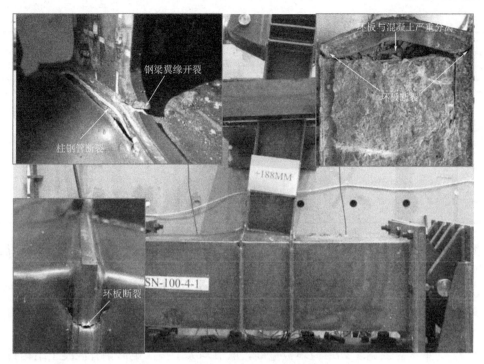

图 7.2　试件 SN-100-4-1 的破坏形态

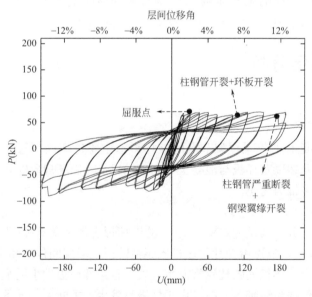

图 7.3　试件 SN-100-4-1 的荷载-位移关系曲线

发生平面内变形，导致环板处的柱钢管发生开裂，且角部环板发生明显变形，表明角部环板已开裂；当层间位移角达到 1/10 时，柱钢管发生严重断裂，导致钢梁翼缘与环板交接处的应力过大，钢梁翼缘发生开裂，同时梁端荷载骤降。试验结束后，切除上下薄壁钢管混凝土柱可以观察到环板与节点核心混凝土发生了严重分离，角部环板发生断裂。综上所述，试件 SN-100-6-0 的破坏模式属于环板破坏。

图 7.4　试件 SN-100-6-0 的破坏形态

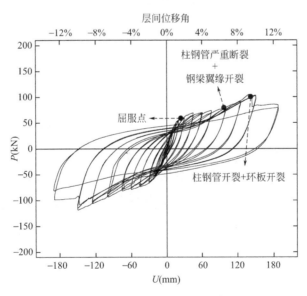

图 7.5　试件 SN-100-6-0 的荷载-位移关系曲线

（c）试件 SN-100-6-1

图 7.6 和图 7.7 分别为试件 SN-100-6-1 的破坏形态图和荷载-位移关系曲线图。当层间位移角达到 1/75 时，节点由弹性阶段进入塑性阶段；当层间位移角达到 1/15 时，环板发生平面内变形，导致环板处的柱钢管发生开裂，且角部环板发生明显变形，表明角部环板已开裂；当层间位移角达到 1/10 时，柱钢管发生严重断裂，同时梁端荷载骤降。试验结束后，切除上下薄壁钢管混凝土柱可以观察到环板与节点核心混凝土发生了严重分离，角部环板发生断裂。综上所述，试件 SN-100-6-1 的破坏模式属于环板破坏。

图 7.6 试件 SN-100-6-1 的破坏形态

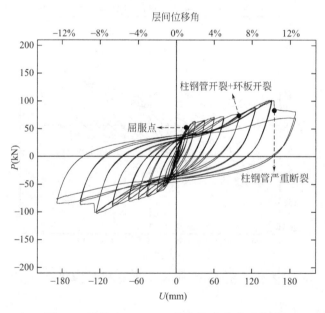

图 7.7 试件 SN-100-6-1 的荷载-位移关系曲线

(d) 试件 SN-150-6-1

图 7.8 和图 7.9 分别为试件 SN-150-6-1 的破坏形态图和荷载-位移关系曲线图。当层间位移角达到 1/75 时，节点由弹性阶段进入塑性阶段；当层间位移角达到 1/15 时，环板发生平面内变形，导致环板处的柱钢管发生开裂，且角部环板发生明显变形，表明角部环板已开裂；当层间位移角达到 1/12 时，柱钢管发生严重断裂，导致钢梁翼缘与环板交接

处的应力过大，钢梁翼缘发生开裂，同时梁端荷载骤降。试验结束后，切除上下薄壁钢管混凝土柱可以观察到环板与节点核心混凝土发生了严重分离，角部环板发生断裂。综上所述，试件 SN-150-6-1 的破坏模式属于环板破坏。

图 7.8　试件 SN-150-6-1 的破坏形态

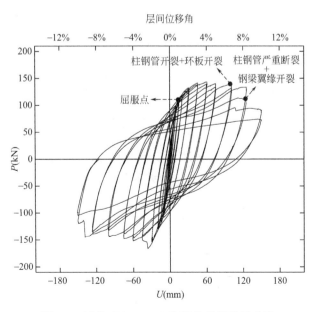

图 7.9　试件 SN-150-6-1 的荷载-位移关系曲线

（e）试件 SW-100-6-1

图 7.10 和图 7.11 分别为试件 SW-100-6-1 的破坏形态图和荷载-位移关系曲线图。当层间位移角达到 1/75 时，节点由弹性阶段进入塑性阶段；当层间位移角达到 1/25 时，角部环板发生开裂；当层间位移角达到 1/15 时，柱钢管发生开裂；当层间位移角达到 1/12 时，柱钢管发生严重断裂，导致钢梁翼缘与环板交接处的应力过大，钢梁翼缘处的环板发生开裂，同时梁端荷载骤降。试验结束后，观察到柱钢管、角部环板以及钢梁翼缘处环板均发生严重断裂。综上所述，试件 SW-100-6-1 的破坏模式属于环板破坏。

图 7.10　试件 SW-100-6-1 的破坏形态

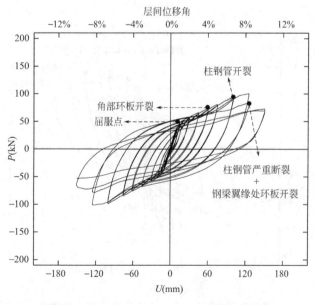

图 7.11　试件 SW-100-6-1 的荷载-位移关系曲线

（f）试件 SW-200-6-1

图 7.12 和图 7.13 分别为试件 SW-200-6-1 的破坏形态图和荷载-位移关系曲线图。当层间位移角达到 1/75 时，节点由弹性阶段进入塑性阶段；当层间位移角达到 1/25 时，钢梁翼缘处的受拉环板发生开裂，同时钢梁翼缘处的受压环板发生屈曲；当层间位移角达到 1/20 时，角部环板发生开裂；当层间位移角达到 1/12 时，柱钢管开裂，环板发生严重断裂，梁端荷载骤降。试验结束后，观察到柱钢管、角部环板以及钢梁翼缘处环板均发生严重断裂。综上所述，试件 SW-200-6-1 的破坏模式属于环板破坏。

图 7.12　试件 SW-200-6-1 的破坏形态

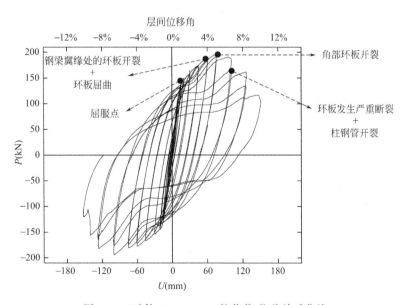

图 7.13　试件 SW-200-6-1 的荷载-位移关系曲线

综上所述，所有试件的破坏模式均为环板破坏，说明《矩形钢管混凝土结构技术规程》CECS 159：2004 的环板宽度计算方法不适用 r_{wb} 较小的薄壁方钢管混凝土柱-钢梁框架节点。

7.2.2 荷载-位移曲线分析

（1）骨架曲线

薄壁方钢管混凝土柱-钢梁框架节点骨架曲线分析方法同 6.2.2 节。图 7.14 为各试件的骨架曲线，根据骨架曲线得到的正向特征点信息见表 7.2。从表 7.2 可以看出，薄壁方钢管混凝土柱-钢梁框架节点的弹性和弹塑性位移角均远远大于规范限制，说明了节点具有良好的变形能力。此外，试件的延性系数范围为 6.29～10.75，说明薄壁方钢管混凝土柱-钢梁框架节点具有较好的塑性变形能力。

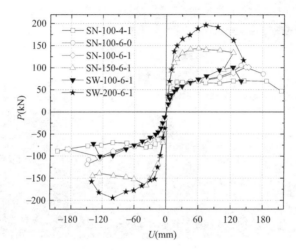

图 7.14 薄壁方钢管混凝土柱-钢梁框架节点骨架曲线

试件正向特征点与延性系数 表 7.2

试件编号	屈服点		极限点		延性系数	规范值	
	荷载(kN)	位移(mm)	荷载(kN)	位移(mm)		弹性位移(mm)	弹塑性位移(mm)
SN-100-4-1	67.6	20	46.5	215	10.75		
SN-100-6-0	55.7	20	86	181	9.05		
SN-100-6-1	54.8	20	100.8	153.7	7.69	3.3	30
SN-150-6-1	120.0	20	133.8	125.5	6.28		
SW-100-6-1	46.9	20	69.5	139.7	9.31		
SW-200-6-1	149.5	20	161.7	125.7	6.29		

（2）耗能曲线

薄壁方钢管混凝土柱-钢梁框架节点滞回曲线分析方法同 6.2.2 节。经计算得到，峰值荷载时薄壁方钢管混凝土柱-钢梁框架节点的等效黏滞阻尼系数范围为 0.11～0.16。一般而言，钢筋混凝土框架节点的等效黏滞阻尼系数一般为 0.1 左右，因此薄壁圆钢管混凝土柱-钢梁框架节点具有较好的耗能能力。

图 7.15 给出了各试件的累计半周耗能 E_{total} 和半周耗能 E_h 的情况。从图可以看出，试件 E_h 随着位移加载级别增大呈现阶梯状；试件的钢梁翼缘越宽，相同位移级别时试件

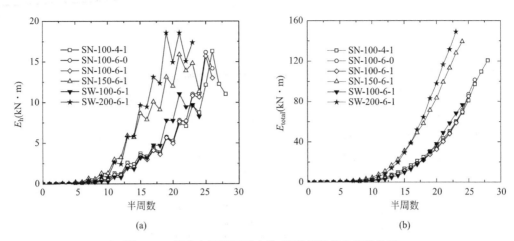

图 7.15　薄壁方钢管混凝土柱-钢梁框架节点耗能分析

(a) 半周耗能；(b) 累积半周耗能

的半周耗能越大。

7.2.3　节点刚度分析

薄壁方钢管混凝土柱-钢梁框架节点的刚度分析方法同 6.2.3 节。图 7.16 为薄壁方钢管混凝土柱-钢梁框架节点分类情况，从图中可以看出，试件 SN-100-4-1 和 SN-100-6-1 的节点刚度一直处于半刚性状态，进一步说明《矩形钢管混凝土结构技术规程》CECS 159：2004 的环板宽度计算方法不适用 r_{wb} 为 0.2 的薄壁方钢管混凝土柱-钢梁框架节点。试件 SN-150-6-1 节点刚度在加载前期满足刚性节点要求而在加载后期进入半刚性状态，这是由于环板抗拉承载力低于钢梁翼缘抗拉承载力导致的，说明《矩形钢管混凝土结构技术规程》CECS 159：2004 的环板宽度计算方法能保证 r_{wb} 为 0.3 的薄壁方钢管混凝土柱-钢梁框架节点的刚度，但不能保证环板的抗拉承载力。

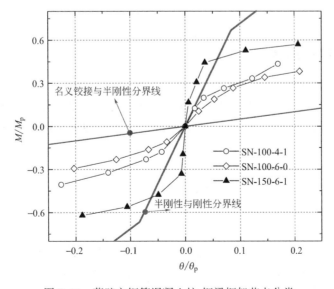

图 7.16　薄壁方钢管混凝土柱-钢梁框架节点分类

7.2.4 变形组成分析

薄壁方钢管混凝土柱-钢梁框架节点的变形组成分析同 6.2.4 节。图 7.17 为薄壁方钢管混凝土柱-钢梁框架节点的变形组成，从图可以看出，所有试件的 U_r/U 均先急剧增加再进入平稳段，说明环板非弹性变形在加载前期发展迅速。试件 SN-150-6-1 的初始 U_r/U 最小，这与试件 SN-150-6-1 的初始节点刚度最大相一致。所有试件的 U_r/U 在加载后期均较大，说明环板的非弹性弯曲变形对节点刚度影响显著，故环板计算方法应考虑环板的弯矩，尤其对于 r_{wb} 小于 0.3 的薄壁方钢管混凝土柱-钢梁框架节点而言。

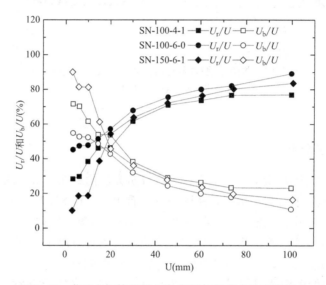

图 7.17　薄壁方钢管混凝土柱-钢梁框架节点的变形组成

7.3　有限元分析

7.3.1　有限元模型的建立与验证

（1）有限元模型建立

薄壁圆钢管混凝土柱-钢梁框架节点有限元模型建立涉及的材料本构模型、单元选取、接触与约束关系以及边界条件与加载方式均同 6.3.2 节。通过对网格精度的测试对比，网格尺寸最终取为 20mm。

（2）荷载-位移曲线对比

图 7.18 为薄壁方钢管混凝土柱-钢梁框架节点的荷载-位移曲线对比情况。总体上而言，峰值点前有限元结果与试验结果在初始刚度、峰值位移以及峰值荷载等方面均吻合较好。峰值荷载后有限元结果和试验结果相差很多，这是由于钢材断裂后本构和钢材累计损伤等难以定义。表 7.3 给出了薄壁方钢管混凝土柱-框架节点的峰值荷载对比表，其中 P_{em} 和 P_{fm} 分别为有限元和试验的峰值荷载平均值，从图中可以看出，P_{fm} 与 P_{em} 的比值在 0.93～1.14 范围，满足工程精度的要求。

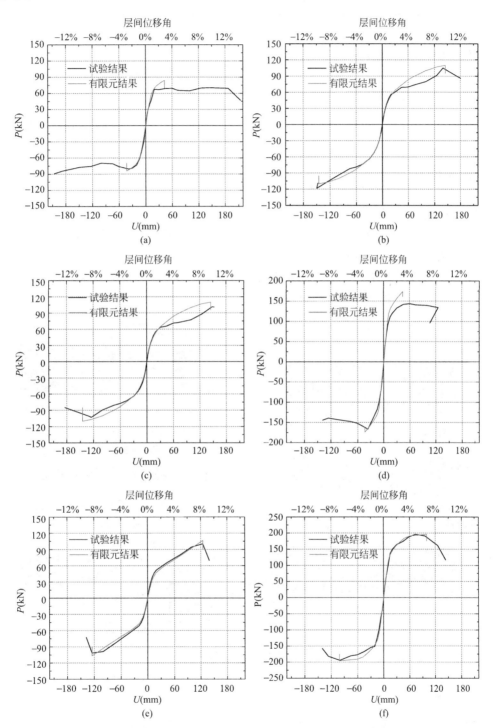

图 7.18　薄壁方钢管混凝土柱-钢梁框架节点的荷载-位移曲线对比

（a）试件 SN-100-4-1；（b）试件 SN-100-6-0；（c）试件 SN-100-6-1；（d）试件 SN-150-6-1；

（e）试件 SW-100-6-1；（f）试件 SW-200-6-1

试件编号	薄壁方钢管混凝土柱-框架节点的峰值荷载对比表		表 7.3
	试验峰值荷载 P_{em}(kN)	有限元峰值荷载 P_{fm}(kN)	P_{fm}/P_{em}
SN-100-4-1	90.1	83.9	0.93
SN-100-6-0	111.7	110.0	0.98
SN-100-6-1	112.1	110.0	0.98
SN-150-6-1	152.2	173.6	1.14
SW-100-6-1	99.8	106.7	1.07
SW-200-6-1	188.4	196.2	1.04

（3）破坏模式对比

以 SW-100-6-1 为例来介绍破坏模式的对比。从 6.2 节可知，试件 SW-100-6-1 的试验现象主要包括柱钢管断裂和环板断裂。图 7.19 给出了试件 SW-100-6-1 的破坏模式对比情况，从图中可以看出，有限元模型的高应力区对应着柱钢管和环板的断裂部位，说明有限元模型与试验在破坏模式方面也吻合较好。

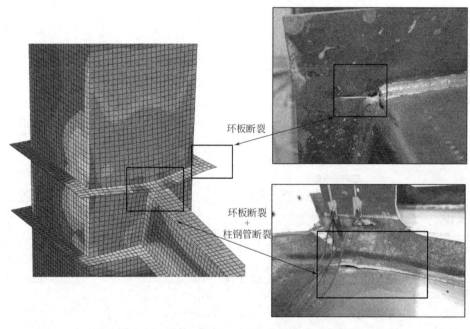

图 7.19　试件 SW-100-6-1 的破坏模型对比情况

7.3.2　参数分析

参考 6.3.3 节，选取柱轴压比 n、钢梁翼缘宽度与柱宽度比值 r_{wb}、柱钢管宽厚比 B/t、环板宽度 b_e 以及钢材强度 f 作为主要参数。参数化分析时，节点的基本模型为：方钢管混凝土柱宽度 500mm，柱钢管厚度 6mm，钢梁截面尺寸为 HN300×100×8×12，外环板宽度 65mm，梁端加载点对柱中心线垂直距离 L 为 1500mm，混凝土强度等级 C40，钢材强度等级为 Q345。为了保证有效地评估各参数对环板力学性能的影响，应保证所有有限元模型均发生环板破坏。

（1）柱轴压比

图 7.20 给出了 n 对薄壁方钢管混凝土柱-钢梁框架节点力学性能的影响规律，从图中可以看出，节点弯矩-转角曲线和节点抗弯屈服弯矩均不随轴压比改变而改变，说明轴压比对环板的力学性能影响很小。

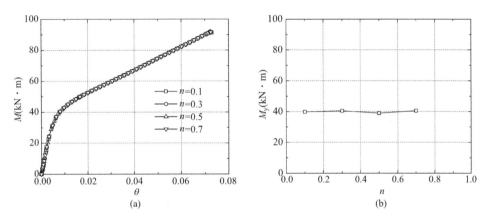

图 7.20　n 对薄壁方钢管混凝土柱-钢梁框架节点力学性能的影响

（a）节点弯矩-转角曲线；（b）节点抗弯屈服弯矩

（2）钢梁翼缘宽度与柱宽度比值

图 7.21 给出了 r_{wb} 对薄壁方钢管混凝土柱-钢梁框架节点力学性能的影响规律，从图中可以看出，节点弯矩-转角曲线的初始刚度和节点抗弯屈服弯矩均随着 r_{wb} 的增大而增大。r_{wb} 越大，相同钢梁翼缘拉力引起的环板内弯矩越小的，环板变形就越小，从而初始刚度越大。

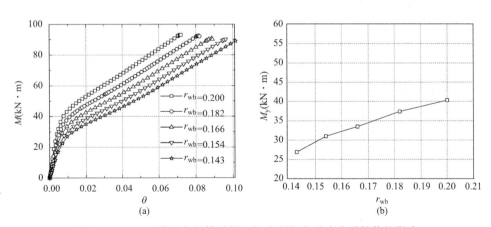

图 7.21　r_{wb} 对薄壁方钢管混凝土柱-钢梁框架节点力学性能的影响

（a）节点弯矩-转角曲线；（b）节点抗弯屈服弯矩

（3）柱钢管宽厚比

图 7.22 给出了 B/t 对薄壁方钢管混凝土柱-钢梁框架节点力学性能的影响规律，从图

中可以看出，节点弯矩-转角曲线的初始刚度受 B/t 的影响稍小，这是由方钢管平面外刚度较小导致的；节点弯矩-转角曲线弹塑性段的斜率随着 B/t 的增大而减小，这是由于加载后期方钢管因发生了平面外变形而逐渐发挥作用。

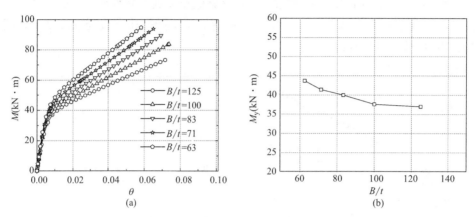

图 7.22 B/t 对薄壁方钢管混凝土柱-钢梁框架节点力学性能的影响
(a) 节点弯矩-转角曲线；(b) 节点抗弯屈服弯矩

（4）环板宽度

图 7.23 给出了 b_e 对薄壁方钢管混凝土柱-钢梁框架节点力学性能的影响规律，从图中可以看出，节点弯矩-转角曲线的初始刚度和节点抗弯屈服弯矩均随着 b_e 的增大而显著地增大，这说明环板宽度可以显著地提高节点初始刚度和节点抗弯屈服弯矩。

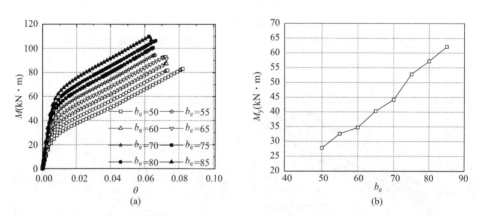

图 7.23 b_e 对薄壁方钢管混凝土柱-钢梁框架节点力学性能的影响
(a) 节点弯矩-转角曲线；(b) 节点抗弯屈服弯矩

（5）钢材强度

图 7.24 给出了 f 对薄壁方钢管混凝土柱-钢梁框架节点力学性能的影响规律，从图中可以看出，节点弯矩-转角曲线的初始刚度受 f 的影响很小，这是由于不同强度的钢材具有相同的弹性模量；节点抗弯屈服弯矩与 f 成正相关。

综上所述，环板宽度和钢材屈服强度显著地影响节点抗弯屈服弯矩，钢梁翼缘宽度与柱宽度比值对节点抗弯屈服强度影响较大，柱钢管径厚比对节点屈服强度影响较小，柱轴压比对节点抗弯屈服强度几乎没影响。

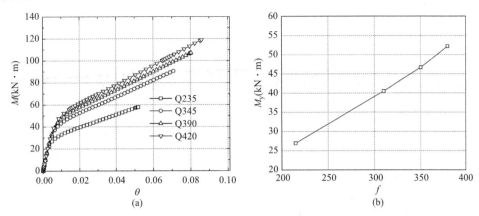

图 7.24 f 对薄壁方钢管混凝土柱-钢梁框架节点力学性能的影响
(a) 节点弯矩-转角曲线；(b) 节点抗弯屈服弯矩

参考文献

[1] 中国工程建设标准化协会. 矩形钢管混凝土结构技术规程：CECS 159：2004 ［S］. 北京：中国计划出版社，2004.

第8章 薄壁钢管混凝土结构设计方法

基于前文对薄壁钢管混凝土柱及其梁柱节点的试验研究与有限元分析，本章进一步拓展研究参数的范围，提出内衬圆管/八边形管加劲薄壁方钢管混凝土柱和非加劲/直肋加劲薄壁圆钢管混凝土柱的截面承载力简化计算方法，并在此基础上对长柱稳定进行分析，提出轴压稳定系数、偏压弯矩增大系数和偏心距调节系数计算公式；基于塑性铰模型并考虑钢管对混凝土的约束效应，提出方形截面和圆形截面薄壁钢管混凝土柱水平抗侧恢复力模型，有效预测构件的滞回性能；针对薄壁钢管混凝土柱-钢梁框架节点，建立考虑轴力/弯矩和剪力共同作用的环板理论模型，提出了小钢梁翼缘宽度与柱直径/宽度之比的环板设计方法和建议。

8.1 薄壁钢管混凝土柱的截面受压承载力

8.1.1 方柱的截面受压承载力参数分析

（1）分析参数

基于本书第 2 章的有限元模型，对内衬圆管加劲薄壁方钢管混凝土柱（SC）和内衬八边形管加劲薄壁方钢管混凝土柱（SO）进行截面承载力有限元参数分析，考虑的参数包括方钢管宽厚比（B/t）、内衬管与外钢管厚度比（t_l/t）、衬管塞焊中心间距与截面宽度的比值（d_w/B）、八边形衬管塞焊侧截面边长与方钢管截面宽度的比值（B_0/B）、混凝土轴心抗压强度（f_c）和钢管屈服强度（f_y），参数取值见表 8.1。标准模型的截面尺寸为 240mm×240mm，高宽比为 3.0；截面 N-M 相关曲线通过逐级增大荷载偏心距 e 进行计算。

参数分析取值 表 8.1

参数	取值	固定值
B/t	80、120、160	120
t_l/t	0.6、1.0、1.4	1.0
d_w/B	0.3、0.5	0.3
B_0/B	1/3、1/2	1/3
f_c(MPa)	25、40、55	25、40
f_y(MPa)	235、355、420	235、355

（2）轴压承载力参数分析结果

为探究衬管加劲肋对薄壁试件受力性能的影响，建立等用钢量的 SU、SC、SO 试件有限元模型，其荷载-竖向应变曲线的对比结果如图 8.1（a）所示。由于衬管加劲肋能有效限制方钢管的屈曲并改善对核心混凝土的约束效果，加劲试件的承载性能和变形能力较 SU 模型有明显提升。为进一步分析衬管加劲肋的作用，建立等用钢量的加劲试件模型，逐渐增加内衬钢管的截面面积 A_l 在钢材总截面面积 A 中的占比，曲线对比结果如图 8.1 (b)、图 8.1 (c) 所示。总体上，试件轴压承载力与衬管用钢量正相关；对于 SC 试件，增加内衬圆钢管用钢量比重可有效提高试件的轴压性能；对于 SO 试件，增加内衬八边形钢管用钢量比重对于试件轴压性能的改善效果并不明显。

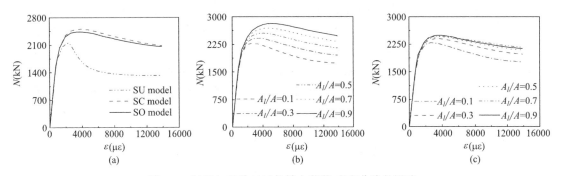

图 8.1　衬管加劲肋对试件轴向荷载-应变曲线的影响

(a) 不同加劲模型；(b) SC 模型；(c) SO 模型

如图 8.2 所示，材料强度是影响衬管加劲薄壁方钢管混凝土柱轴压性能的主要因素。

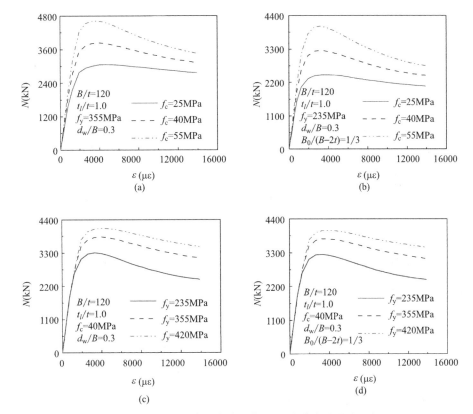

图 8.2　材料强度对轴压荷载-应变曲线的影响

(a) f_c (SC 模型)；(b) f_c (SO 模型)；(c) f_y (SC 模型)；(d) f_y (SO 模型)

计算模型的轴压承载力随混凝土轴心抗压强度和钢管屈服强度的增大呈近似线性提高趋势，可充分发挥高强材料性能；增大 f_c 会降低核心混凝土的韧性，在一定程度上降低了轴压薄壁方钢管混凝土柱的延性，但由于衬管加劲肋的有效约束作用，高强混凝土的脆性性能得到较好改善；增大 f_y 对模型延性影响较小，验证衬管加劲肋对限制高强薄壁钢管屈曲性能的作用。

图 8.3 展示了 B/t、t_l/t、d_w/B 和 B_0/B 四个参数对衬管加劲薄壁方钢管混凝土柱轴压承载力的影响规律。钢管宽厚比是影响模型轴压承载力的主要因素，一方面，减小钢管宽厚比将增加截面含钢率；另一方面，减小钢管宽厚比有利于改善钢管屈曲性能和增强钢管约束作用，从而进一步提高截面承载力和延性。相比于增大外钢管的壁厚，增大内衬钢管壁厚对核心混凝土约束作用的提高更为显著，从而有效提高截面承载力。通过有限元分析发现，在工程应用范围内，塞焊点间距和八边形衬管塞焊侧截面边长对于衬管加劲薄壁方钢管混凝土柱轴压承载力的影响不明显。

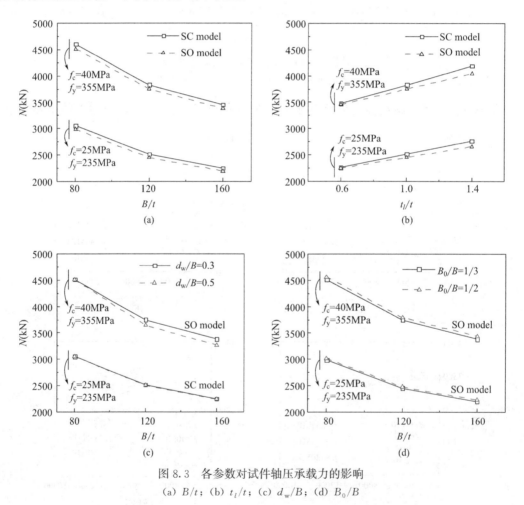

图 8.3　各参数对试件轴压承载力的影响
(a) B/t；(b) t_l/t；(c) d_w/B；(d) B_0/B

（3）N-M 相关曲线参数分析结果

图 8.4 展示了不同参数对 N-M 相关曲线的影响。从图中可以看出：①宽厚比的减小和钢管屈服强度的增加均能在较大偏心率下提高截面受弯承载力，但钢材强度较高时进一

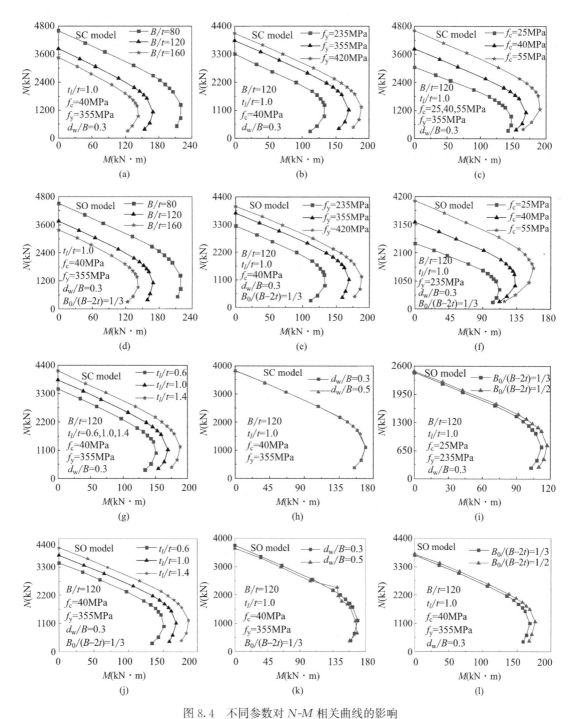

图 8.4　不同参数对 N-M 相关曲线的影响

(a) B/t（SC 试件）；(b) f_y（SC 试件）；(c) f_c（SC 试件）；(d) B/t（SO 试件）；(e) f_y（SO 试件）；

(f) f_c（SO 试件）；(g) t_l/t（SC 试件）；(h) d_w/B（SC 试件）；(i) B_0/B（SC 试件）；

(j) t_l/t（SO 试件）；(k) d_w/B（SO 试件）；(l) B_0/B（SO 试件）

步提高强度对改善性能的收益较小。②混凝土强度的提升对 *N-M* 相关曲线的影响与前二者相反，混凝土强度的提高对改善较小偏心率下试件竖向承载力的作用更为明显，对试件受弯承载力的提高作用有限。③增加衬管厚度能增强对核心混凝土的约束作用，改善试件受力性能；相较于增加方钢管厚度，增加衬管用钢量不但更加有效，还利于构件防火防腐。④塞焊点间距和八边形衬管塞焊侧截面边长对于加劲试件 *N-M* 相关曲线的影响较小；实际工程中，可按构造设置塞焊点，减少焊接工作量。对于 SO 试件，考虑到实际施工中混凝土浇筑难度，建议 $B_0/(B-2t)$ 设置为 $1/3\sim1/2$。

8.1.2　方柱的截面受压承载力简化计算公式

（1）轴压承载力简化计算公式

为提出内衬圆管和内衬八边形管加劲的薄壁方钢管混凝土柱的截面轴压承载力简化计算公式，根据试验数据和参数分析结果，对两类加劲薄壁钢管混凝土柱的轴压受力模型进行适当合理简化（图 8.5）。由于衬管加劲肋与方钢管的连接方式（塞焊）不连续，简化受力模型忽略衬管对于外钢管屈曲的侧向限制作用。采用 Liang 等[1] 提出的"有效宽度模型"考虑薄壁方钢管因局部屈曲而造成的强度折减，方钢管的有效宽度（B_e）的计算见式（8-1），其中 σ_{cr} 为临界应力，按式（8-2）计算。在轴压工况下，内衬圆形/八边形钢管对核心混凝土提供了有效的约束作用，简化受力模型忽略衬管的竖向承载作用而仅考虑其对混凝土的约束效应。此外，核心混凝土等效约束应力的计算忽略外钢管的约束效应，有效约束面积简化为衬管围合的区域[2]，计算公式见式（8-3），其中 k_e 为有效约束混凝土面积（$A_{c,e}$）与混凝土总面积（A_c）的比值，f_l 为衬管的横向约束应力[3]，t_l 为衬管的厚度，$f_{y,l}$ 为衬管的屈服强度，B_0 为八边形衬管较短边的长度。

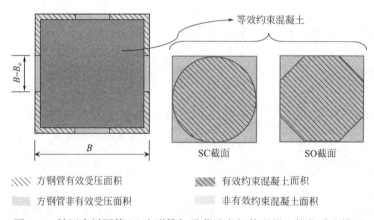

图 8.5　轴压内衬圆管/八边形管加劲薄壁方钢管混凝土简化受力模型

$$\frac{B_e}{B}=\begin{cases}0.675\left(\dfrac{\sigma_{cr}}{f_y}\right)^{1/3} & \sigma_{cr}\leqslant f_y \\[3mm] 0.915\left(\dfrac{\sigma_{cr}}{\sigma_{cr}+f_y}\right)^{1/3} & \sigma_{cr}>f_y\end{cases} \tag{8-1}$$

$$\sigma_{cr}=\frac{10\pi^2 E_s}{12(1-\mu_s^2)(B/t)^2} \tag{8-2}$$

$$f_{el} = k_e f_l \tag{8-3}$$

$$k_e = \frac{A_{c,e}}{A_c} \tag{8-4}$$

$$f_l = \begin{cases} \sqrt{2}\, t_l\, 0.36 f_{y,l}/(B_0 - 2t) & \text{SO 试件} \\ 2t_l f_{y,l}/(D - 2t) & \text{SC 试件} \end{cases} \tag{8-5}$$

基于上述简化，内衬圆管/八边形管加劲薄壁方钢管混凝土柱的截面轴压承载力 N_0 可按式（8-6）计算：

$$N_0 = \frac{B_e}{B} A_s f_y + A_c f_{cc} \tag{8-6}$$

式中，A_s 为方钢管截面面积，f_y 为方钢管屈服强度，f_{cc} 为核心约束混凝土的轴心抗压强度。本书参考 Richart 等[4] 的研究成果，认为 f_{cc} 与非约束混凝土圆柱体轴心抗压强度 f_c 的差值等于 5.1 倍的等效约束应力（约束应力低于 7MPa 时），即：

$$f_{cc} = f_c + 5.1 f_{el} \tag{8-7}$$

图 8.6 为上述简化计算公式所预测轴压承载力与有限元模拟结果及试验结果的对比。在研究参数变化范围内，公式计算结果与有限元结果吻合较好，两者比值的平均值与标准差分别为 0.97 与 0.03，验证了简化计算公式的有效性。

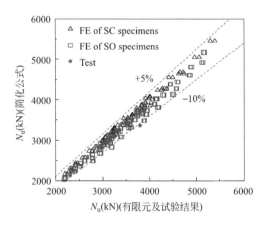

图 8.6 理论公式与有限元结果对比图

（2）截面承载力相关曲线简化计算公式

截面承载力相关曲线的计算涵盖了轴压、小偏心、大偏心和纯弯多种荷载工况，而对于内衬圆管和内衬八边形管加劲薄壁方钢管混凝土柱，不同的荷载工况会对应不同的截面受力状态。轴压荷载工况下，内衬管对核心混凝土的约束效应对截面轴压承载力和构件延性的影响效果显著，因此上文提出的简化轴压模型忽略衬管的竖向承载作用而仅考虑其对混凝土的约束效应。然而，大偏心和纯弯荷载工况下，内衬管在截面中和轴两侧分别形成纵向拉应力区和压应力区，其直接受弯效应对截面承载力的贡献不能忽略。为考虑不同荷载工况（偏心率）对衬管加劲钢管混凝土截面受力状态的影响，以混凝土受压区高度与截面边长的比值 h_n/B（受压区高度系数 h_n/B）等于 0.75 时为分界点，将截面承载力相关曲线分为两部分进行简化计算。由试验与有限元参数分析结果可知，当受压区高度系数 $h_n/D \leqslant 0.75$ 时，截面以弯曲受力为主，截面抗压承载力 N_u 和抗弯承载力 M_u 呈非线性关系，需同时考虑内衬管的直接受弯效应与其对核心混凝土的约束效应；当受压区高度系数 $h_n/B>0.75$ 时，截面抗压承载力 N_u 和抗弯承载力 M_u 呈近似线性关系，内衬管的受力状态可根据轴压受力模型进行线性简化。

根据上述分析，提出截面承载力相关曲线简化计算方法，具体计算如下：

受压区高度系数 $h_n/B \leqslant 0.75$ 时，根据现有相关设计规范[5]，钢管混凝土截面承载力可按全截面塑性假定进行计算，并忽略混凝土的抗拉强度。对于内衬管加劲的薄壁方钢管混凝土柱，其截面承载力的计算还需要考虑薄壁方钢管在受压区因局部屈曲而造成的强度折减，有效宽度 B_e 的计算见式（8-1）。此外，为考虑内衬管受压侧的受弯效应和约束效应，将受压侧内衬管的应力分解为纵向压应力 $\sigma_{v,l}$ 和横向约束应力 $\sigma_{h,l}$（内衬管受拉侧应力仅考虑单向受拉并屈服），并定义系数 k 为 $\sigma_{v,l}$ 与屈服应力的比值，其计算公式通过有限元参数拟合得到式（8-8）：

$$k=-\frac{\sigma_{v,l}}{f_{y,l}}=\begin{cases}\dfrac{1}{42.5\rho}\dfrac{f_c}{235}+0.7, & SC \\[2mm] \dfrac{1}{42.5\rho}\dfrac{f_c}{235}+0.8, & SO\end{cases}, \text{且 } k \leqslant 1 \tag{8-8}$$

其中，f_c 为混凝土轴心抗压强度，单位为 MPa，ρ 为衬管钢材面积与混凝土总面积的比值，即 $\rho=A_l/A_c$。根据全截面塑性假定，纵向压应力 $\sigma_{v,l}$ 与横向应力 $\sigma_{h,l}$ 满足 von Mises 屈服准则，因此受压侧钢管的横向应力可按式（8-9）计算，进而可以确定内衬管对受压区混凝土产生的约束作用。此外，考虑到受压侧方钢管对混凝土存在约束效应且面积较小，将受压区混凝土的等效约束应力 f_{el} 等效为内衬管内混凝土的平均约束应力，按式（8-10）计算。

$$\sigma_{h,l}=(-kf_{y,l}+\sqrt{4f_{y,l}^2-3k^2f_{y,l}^2})/2 \tag{8-9}$$

$$f_{el}=\begin{cases}2t_l\sigma_{h,l}/(B-2t) & SC \\[2mm] \sqrt{2}t_l\sigma_{h,l}/(B-2t) & SO\end{cases} \tag{8-10}$$

受压区高度系数 $h_n/B>0.75$ 时，截面抗压承载力 N_u 和抗弯承载力 M_u 简化为线性变化关系，通过轴心受压工况和 $h_n/B=0.75$ 时的荷载工况所对应的截面承载力确定。在 $0.75<h_n/B \leqslant 1.0$ 的范围内，承载力简化计算模型近似将内衬管的受力状态从轴心受压工况下仅提供约束效应线性过渡到偏心受压下的提供约束并受弯。

基于上述简化，提出了构件截面抗压承载力 N_u 和抗弯承载力 M_u 随系数 r_x 变化的参数方程，见式（8-11）和式（8-12）。r_x 在小于等于 3/4 时，即为混凝土受压区高度系数（x_{cu}/B）；r_x 在大于 3/4 时，由于简化分析中的线性假定，r_x 仅为计算系数，无明确物理意义。

$$N_u=\begin{cases}(A_{c,s}-A_{t,s})f_{y,s}+(kA_{c,l}-A_{t,l})f_{y,l}+A_cf_{cc} & 0 \leqslant r_x \leqslant \dfrac{3}{4} \\[3mm] 4(N_0-N_1)(r_x-1)+N_0 & \dfrac{3}{4} \leqslant r_x \leqslant 1\end{cases} \tag{8-11}$$

$$M_u=\begin{cases}(A_{c,s}W_{c,s}-A_{t,s}W_{t,s})f_{y,s}+(kA_{c,l}W_{c,l}-A_{t,l}W_{t,l})f_{y,l}+A_{c,c}f_{cc}W_{c,c} & 0 \leqslant r_x \leqslant \dfrac{3}{4} \\[3mm] 4M_1(1-r_x) & \dfrac{3}{4} \leqslant r_x \leqslant 1\end{cases}$$
$$\tag{8-12}$$

$$A_{c,s} = (h_n - t_s)t_s + B_c t_s \tag{8-13}$$

式中，N_1，M_1 分别为 $h_n/B = 0.75$ 时的截面抗压和抗弯承载力，A 与 W 分别表示各部分的面积和塑性惯性矩，下标第一个字符 c 和 t 分别表示受压和受拉，第二个字符 s、c 和 l 分别指代外钢管、混凝土和衬管。f_{cc} 表示核心混凝土因约束效应而提高的约束后强度，按式（8-7）计算。

（3）简化公式预测效果

简化计算公式预测结果与数值模拟结果的对比见图 8.7 和图 8.8，二者吻合较好，且公式计算结果偏于保守。在较大偏心距荷载工况和参数 $t_l/t = 0.6$ 的情况下，公式预测的截面承载力相关曲线的保守程度更高，可能的原因有简化公式忽略了混凝土的抗拉强度以及简化外钢管约束效应等。简化计算公式反映了八边形衬管塞焊侧截面边长的改变对 N-M 相关曲线的影响：B_0/B 取 1/2 时，截面塑性惯性矩更大，偏压时表现更好；B_0/B 取 1/3 时，内衬八边形约束效果更好，因此轴压承载力更高。

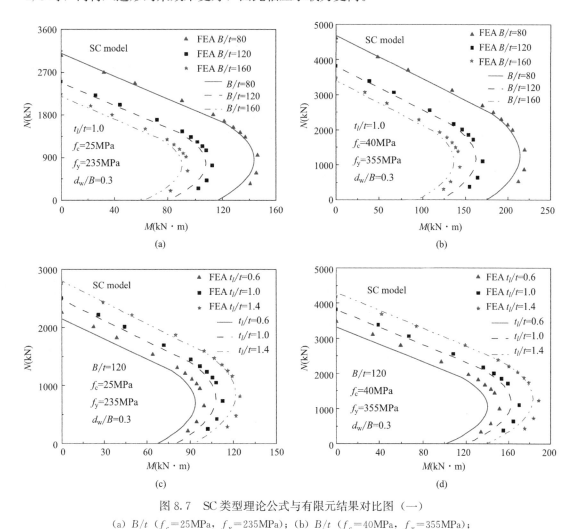

图 8.7　SC 类型理论公式与有限元结果对比图（一）

（a）B/t（$f_c = 25\text{MPa}$，$f_y = 235\text{MPa}$）；（b）B/t（$f_c = 40\text{MPa}$，$f_y = 355\text{MPa}$）；

（c）t_l/t（$f_c = 25\text{MPa}$，$f_y = 235\text{MPa}$）；（d）t_l/t（$f_c = 40\text{MPa}$，$f_y = 355\text{MPa}$）

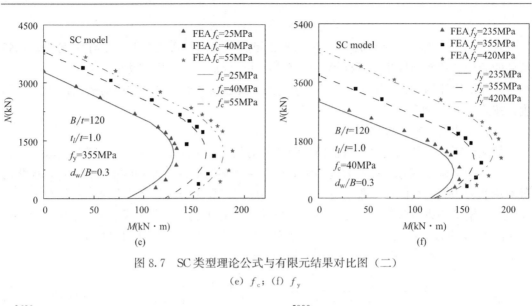

图 8.7 SC 类型理论公式与有限元结果对比图（二）

（e）f_c；（f）f_y

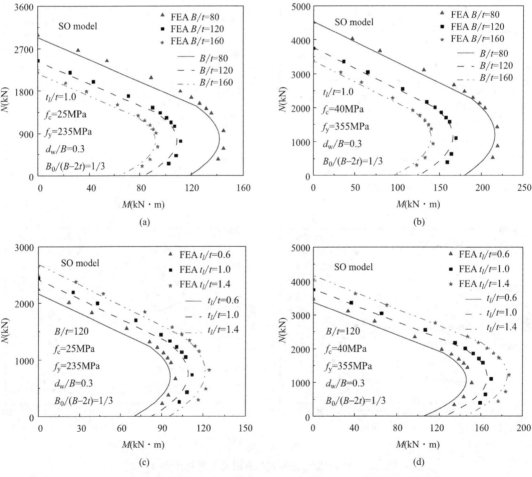

图 8.8 SO 类型理论公式与有限元结果对比图（一）

（a）B/t（f_c=25MPa，f_y=235MPa）；（b）B/t（f_c=40MPa，f_y=355MPa）；

（c）t_l/t（f_c=25MPa，f_y=235MPa）；（d）t_l/t（f_c=40MPa，f_y=355MPa）

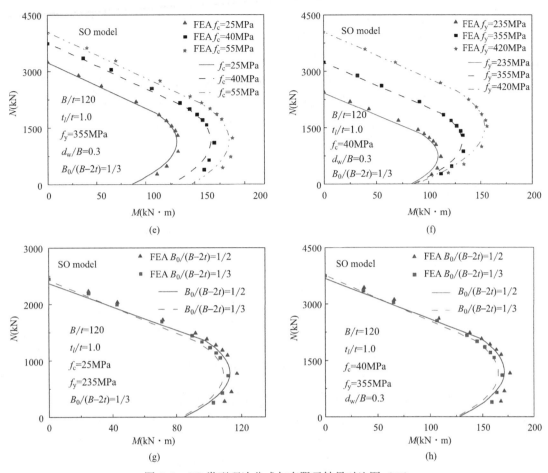

图 8.8　SO 类型理论公式与有限元结果对比图（二）

（e）f_c；（f）f_y；（g）B_0/B（f_c=25MPa，f_y=235MPa）；（h）B_0/B（f_c=40MPa，f_y=355MPa）

8.1.3　圆柱的截面受压承载力参数分析

（1）分析参数

基于第 3 章的有限元模型方法，对未加劲薄壁圆钢管混凝土柱（CU）和直肋加劲薄壁圆钢管混凝土柱（CR）进行截面承载力有限元参数分析，考虑的参数包括圆钢管径厚比（D/t）、加劲肋截面高度 h_l、混凝土轴心抗压强度（f_c）和钢管屈服强度（f_y），参数取值见表 8.2。标准模型的截面外径尺寸为 240mm，高径比为 3.0；截面 N-M 相关曲线通过逐级增大荷载偏心距 e 进行计算。

参数分析取值　　　　　　　　　　　　　　　　表 8.2

参数	取值	固定值
D/t	80,120,160	120
h_l	0,20,40,60	0,40
f_c(MPa)	25,40,55	25、40
f_y(MPa)	235,355,420	235、355

（2）轴压承载力参数分析结果

为探究设置直肋对圆形薄壁试件受力性能的影响，建立等用钢量的 CU 和 CR 试件有限元模型，其荷载-竖向应变曲线的对比结果如图 8.9（a）所示。与设置直肋相比，直接增加外钢管截面面积对提高试件轴压承载力的效果更显著。圆形截面由于其截面特性，环向应力分布均匀且连续，对混凝土的约束效果好，加劲肋的效果有限。如图 8.9（b）所示，逐渐增加加劲肋的截面高度 h_l，在 $h_l \leqslant 60$ 范围内，直肋加劲试件的承载能力变化很小。

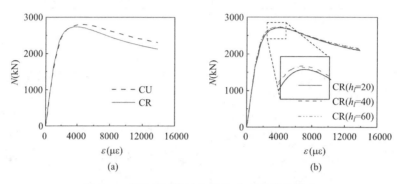

图 8.9　直肋对试件轴向荷载-应变曲线的影响

如图 8.10 和图 8.11 所示，材料强度对薄壁圆钢管混凝土柱轴压性能的影响与方钢管相同。计算模型的轴压承载力随混凝土轴心抗压强度和钢管屈服强度的增大呈近似线性提高趋势，可充分发挥高强材料性能；增大 f_c 会降低核心混凝土的韧性，在一定程度上降低了轴压薄壁圆钢管混凝土柱的延性，但由于圆钢管的有效约束作用，高强混凝土的脆性性能得到较好改善；而增大 f_y 对模型延性影响较小。图 8.12 展示了径厚比对衬管加劲薄壁圆钢管混凝土柱轴压承载力的影响，其规律与方形截面试件相近，减小钢管径厚比可增加截面含钢率，提高钢管对核心混凝土约束作用，改善核心混凝土的抗压强度和韧性，提高薄壁圆钢管混凝土柱的轴压承载力和延性。

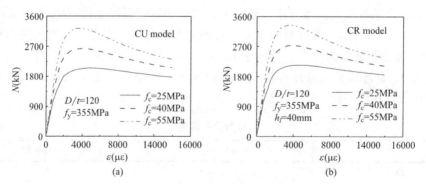

图 8.10　f_c 对轴压荷载-应变曲线的影响

（a）CU 模型；（b）CR 模型

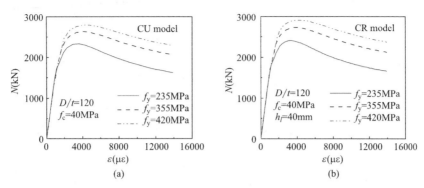

图 8.11　f_y 对轴压荷载-应变曲线的影响

(a) CU 模型；(b) CR 模型

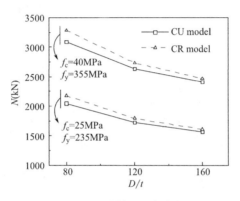

图 8.12　D/t 对轴压承载力的影响

（3）$N\text{-}M$ 相关曲线参数分析结果

图 8.13 和图 8.14 展示了不同参数对 $N\text{-}M$ 相关曲线的影响。与方形截面类似，随宽厚比的减小或钢管屈服强度的增加，试件的受力性能逐渐提升，且在偏心距较大时对截面受弯承载力的提升更加显著，而混凝土强度提升对试件轴向承载力的贡献较大，而对受弯承载力的影响较小；实际设计中，当偏心率较小时，可考虑提高混凝土强度来提高构件承载力。加劲肋截面高度 h_l 对截面 $N\text{-}M$ 相关曲线的影响同样较小。

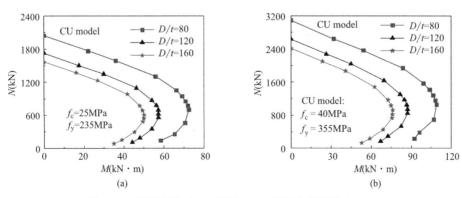

图 8.13　不同参数对 CU 模型 $N\text{-}M$ 相关曲线的影响 （一）

(a) D/t（$f_c=25\text{MPa}$，$f_y=235\text{MPa}$）；(b) D/t（$f_c=40\text{MPa}$，$f_y=355\text{MPa}$）

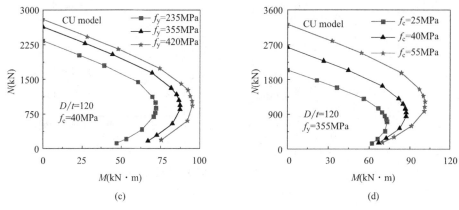

(c)

(d)

图 8.13 不同参数对 CU 模型 N-M 相关曲线的影响（二）

(c) f_y；(d) f_c

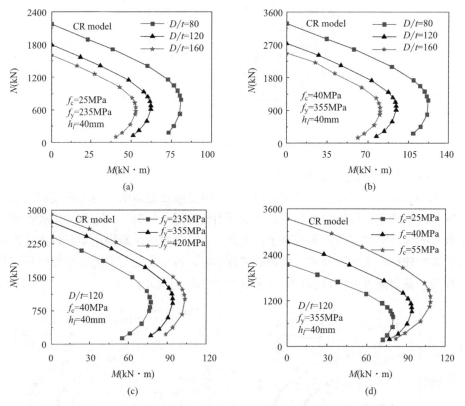

图 8.14 不同参数对 CR 模型 N-M 相关曲线的影响（一）

(a) D/t（$f_c=25$MPa，$f_y=235$MPa）；(b) D/t（$f_c=40$MPa，$f_y=355$MPa）；

(c) f_y；(d) f_c

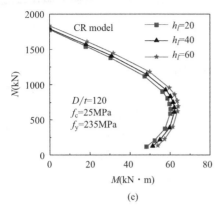
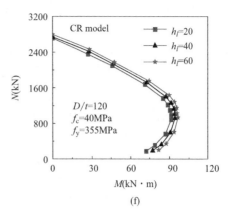

图 8.14 不同参数对 CR 模型 N-M 相关曲线的影响（二）

(e) h_l（f_c=25MPa，f_y=235MPa）；(f) h_l（f_c=40MPa，f_y=355MPa）

8.1.4 圆柱的截面受压承载力简化计算公式

（1）轴压承载力简化计算公式

根据试验和参数分析结果，薄壁圆钢管混凝土柱中圆钢管即纵向承受竖向荷载，同时对核心混凝土提供约束作用。参考偏心受压 SC 试件中圆形衬管的简化方法，将圆钢管的应力分解为纵向压应力 σ_v 和横向约束应力 σ_h，并定义系数 k 为 σ_v 与屈服应力的比值。根据有限元参数分析结果的拟合，得到系数 k 的计算公式，见式（8-14）。钢管纵向压应力 σ_v 与横向应力 σ_h 满足 von Mises 屈服准则，因此 σ_h 可按式（8-15）计算，从而得到圆钢管对混凝土产生的约束作用，即式（8-16）。

$$k = -\frac{\sigma_v}{f_y} = \frac{1}{42.5\rho}\frac{f_c}{235} + 0.65，且 k \leqslant 1 \tag{8-14}$$

$$\sigma_h = (-kf_y + \sqrt{4f_y^2 - 3k^2f_y^2})/2 \tag{8-15}$$

$$f_{el} = 2t_s\sigma_h/(D-2t) \tag{8-16}$$

基于上述简化，未加劲和直肋加劲薄壁圆钢管混凝土柱的截面轴压承载力 N_0 可按式（8-17）计算。式中，f_{cc} 表示核心混凝土因约束效应而提高的约束后强度，按式（8.7）计算。

$$N_0 = A_s\sigma_v + A_cf_{cc} \tag{8-17}$$

图 8.15 为上述简化计算公式所预测轴压承载力与有限元模拟结果及试验结果的对比。在研究参数变化范围内，公式计算结果与有限元结果吻合较好，两者比值的平均值与标准差分别为 1.03 与 0.03，验证了简化计算公式的有效性。

（2）截面承载力相关曲线简化计算公式

与方形截面承载力相关曲线相同，为考

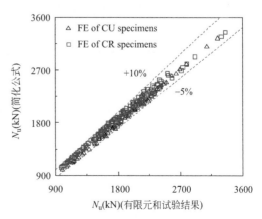

图 8.15 理论公式与有限元结果对比图

虑不同荷载工况（偏心率）对圆钢管混凝土截面受力状态的影响，以混凝土受压区高度与截面直径的比值 h_n/D（受压区高度系数 h_n/D）等于 0.75 时为分界点，将截面承载力相关曲线分为两部分进行简化计算。当受压区高度系数 $h_n/D>0.75$ 时，截面抗压承载力 N_u 和抗弯承载力 M_u 呈近似线性关系，构件的受力模型由轴压受力状态近似线性过渡到偏心受力状态。受压区高度系数 $h_n/D≤0.75$ 时，截面承载力按全截面塑性假定进行计算。受压侧圆钢管的应力分解为纵向压应力 σ_v 和横向约束应力 σ_h，并定义系数 k 为 σ_v 与屈服应力的比值，其计算公式同样通过有限元参数拟合得到，见式（8-18）；受压侧混凝土考虑因钢管约束效应而引起的强度提高，约束混凝土轴心抗压强度的计算方法和轴压试件相同，但系数 k 按式（8-18）计算。受拉侧钢管仅考虑纵向受力，且纵向应力等于钢管屈服强度；忽略受拉侧混凝土的拉应力。

$$k=-\frac{\sigma_v}{f_y}=\frac{1}{42.5\rho}\frac{f_c}{235}+0.8，且 k≤1 \tag{8-18}$$

参照方形截面构件承载力相关曲线参数方程的形式，提出了无加劲圆形构件截面抗压承载力 N_u 和抗弯承载力 M_u 随系数 r_x 变化的参数方程，见式（8-19）和式（8-20）。r_x 在小于等于 3/4 时，即为混凝土受压区高度系数（x_{cu}/B）；r_x 在大于 3/4 时，由于简化分析中的线性假定，r_x 仅为计算系数，无明确物理意义。

$$N_u=\begin{cases}(A_{c,s}k-A_{t,s})f_y+A_cf_{cc} & 0≤r_x≤\dfrac{3}{4}\\ 4(N_0-N_1)(r_x-1)+N_0 & \dfrac{3}{4}≤r_x≤1\end{cases} \tag{8-19}$$

$$M_u=\begin{cases}(A_{c,s}kW_{c,s}-A_{t,s}W_{t,s})f_y+A_{c,c}f_{cc}W_{c,c} & 0≤r_x≤\dfrac{3}{4}\\ 4M_1(1-r_x) & \dfrac{3}{4}≤r_x≤1\end{cases} \tag{8-20}$$

式中，h_n 为截面受压区高度，f_{cc} 为约束混凝土抗压强度，N_1，M_1 分别为 $h_n/B=0.75$ 时的截面抗压和抗弯承载力，A 与 W 分别表示各部分的面积和塑性惯性矩，下标第一个字符 c 和 t 分别表示受压和受拉，第二个字符 s 和 c 分别指代外钢管和混凝土。

对设置直肋加劲的薄壁圆钢管混凝土柱，由参数分析可知其对混凝土约束效应几乎无影响，故将直肋简化为紧贴外钢管内壁的一层薄钢管，且仅参与直接受力，不对混凝土提供约束。其余计算公式与未加劲薄壁圆钢管混凝土柱一致。故直肋加劲圆形构件截面抗压承载力 N_u 和抗弯承载力 M_u 随系数 r_x 变化的参数方程，见式（8-21）和式（8-22）。

$$N_u=\begin{cases}(A_{c,s}k-A_{t,s})f_y+A_{c,l}(f_{y,l}-f_{cc})-A_{t,l}f_{y,l}+A_cf_{cc} & 0≤r_x≤\dfrac{3}{4}\\ 4(N_0-N_1)(r_x-1)+N_0 & \dfrac{3}{4}≤r_x≤1\end{cases} \tag{8-21}$$

$$M_u=\begin{cases}(A_{c,s}kW_{c,s}-A_{t,s}W_{t,s})f_y+A_{c,l}W_{c,l}(f_{y,l}-f_{cc})-A_{t,l}W_{t,l}f_{y,l}+A_{c,c}f_{cc}W_{c,c} & 0≤r_x≤\dfrac{3}{4}\\ 4M_1(1-r_x) & \dfrac{3}{4}≤r_x≤1\end{cases}$$

$$\tag{8-22}$$

（3）简化公式预测效果

简化计算公式预测结果与数值模拟结果的对比见图 8.16 和图 8.17，二者吻合较好，验证简化公式的合理性。

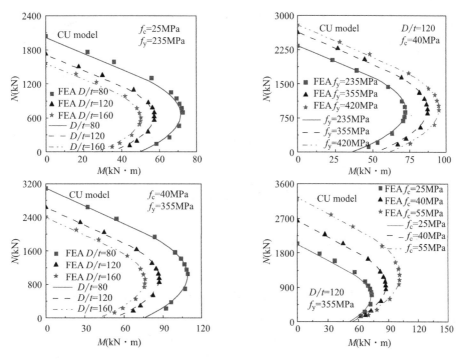

图 8.16　CU 类型理论公式与有限元结果对比图

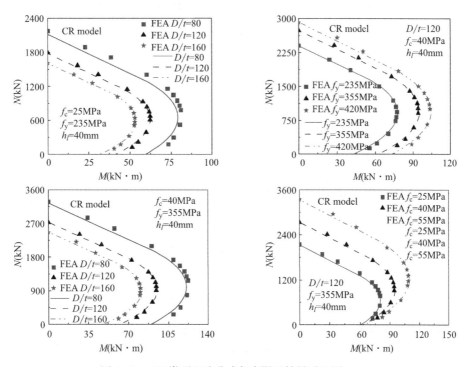

图 8.17　CR 类型理论公式与有限元结果对比图（一）

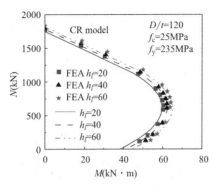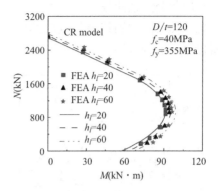

图 8.17　CR 类型理论公式与有限元结果对比图（二）

8.2　薄壁钢管混凝土长柱的设计方法

8.2.1　方长柱的受压承载力参数分析

（1）有限元建模

在第 2 章有限元模型方法的基础上，为提高有限元计算效率对模型进行适当调整，根据构件的对称性建立 1/2 模型，并采用对称边界条件。图 8.18 为分别采用完整建模方法和对称建模方法建立的轴压及偏压模型有限元模拟结果的对比，发现当模型的偏心率较大或长径比较大时，对称建模和完整建模有限元结果的差异较小，总结为：对称建模对以弯曲变形为主的模型有较高的适用性。因此本章参数分析中，对长径比较小的轴压模型进行完整建模，对长径比较大的轴压模型和偏压模型进行对称建模，以减少模型计算耗时。

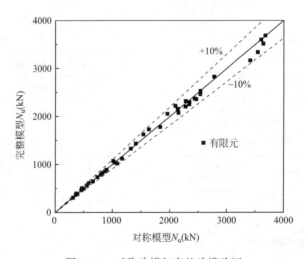

图 8.18　对称建模与完整建模验证

对于钢管混凝土长柱，当钢管径厚比较大时，有发生端头压曲破坏的倾向[6]，为保证薄壁钢管混凝土长柱发生整体弯曲失稳破坏而非柱端破坏，常采用设置加劲肋和限制钢管径厚比的方法，本章有限元模型采用类似的方法对柱端进行加强。塞焊点的设置会制约网格的划分，考虑到塞焊点间距在截面宽度以内才能起到限制外钢管屈曲的作用，统一将衬管塞焊中心间距与截面宽度的比值设为 0.5（偏于保守）；截面方向的网格尺寸设为截面边长的 1/12，柱高方向的网格尺寸设为截面边长的 1/8 左右。

（2）稳定系数分析

对于轴向受压构件，实际工程中由于加工精度有限和各种偶然因素会造成初始偏心距。在荷载作用下，初始偏心距导致构件产生附加弯矩并挠曲变形，而侧向挠度又增大了荷载的偏心距。随荷载增加，构件的附加弯矩和侧向挠度相互影响并不断增大，使得长柱最终在轴力和弯矩共同作用下发生破坏[7]。轴向受压长柱实际在纵向弯曲的影响下，可能发生失稳破坏和材料破坏。纵向弯曲带来的不利影响随长径比增加而增大，因而长柱的轴向承载能力往往低于同类型短柱的承载能力。现行规范[8-9] 常采用稳定系数 φ 来表示长柱承载力的降低程度，即：

$$\varphi = \frac{N_u}{N_0} \tag{8-23}$$

式中　N_u——长柱稳定承载力

N_0——短柱截面受压承载力，参考 8.1 节相关计算公式

构件的初始缺陷包括初弯曲、加载偏心、钢管的残余应力和混凝土的浇筑差异等，其中初弯曲和初偏心对受压构件的影响较大且较为相似，均导致压杆出现极值点失稳，可取其中一项作为轴心受压构件的计算依据，本章选取初偏心来考虑构件的整体缺陷。关于缺陷幅值的考虑与构件种类和加工精度等因素有关，《钢结构设计标准》GB 50017—2017[10] 推荐缺陷幅值取杆长 L 的 1/1000，EN1994-1-1[11] 推荐纵筋率为 3%～6% 的配筋钢管混凝土柱取 L 的 1/200，现有研究[12-13] 表明缺陷幅值采用 $L/1000$ 所得分析结果与现有试验结果吻合良好。本文参考文献[14]，采用相对保守的 $L/500$ 初偏心进行有限元建模分析。

为研究不同参数对加劲薄壁方钢管混凝土柱稳定系数的影响，采用上述有限元建模方法对薄壁钢管混凝土长柱进行参数分析。参数分析中，标准模型的截面尺寸为 240mm×240mm，具体参数见表 8.3。

方柱稳定系数参数取值　　　　　　　　　　　　　　　　表 8.3

参数	取值
B/t	80,120,160（固定值 120）
t_l/t	0.6,1.0,1.4（固定值 1.0）
B_0/B	1/3,1/2（固定值 1/3）
f_c（MPa）	25,40,55（固定值 40）
f_y（MPa）	235,355,420（固定值 355）
L/B	4,8,12,16,20,25,30,35,40,45,50

各参数对柱子曲线的影响见图 8.19。由图可知，B/t、t_l/t 对稳定系数的影响比 f_c、f_y 等参数的影响大；由于稳定系数的确定与 N_0 计算公式的准确性有关，所以会出现 $\varphi > 1$ 或者参数影响规律与理想情况不符，但整体上各参数对 φ-L/D 相关性的影响较小。同时可以看出加劲薄壁钢管混凝土在 $L/D \leqslant 15$ 时稳定问题并不突出，当长径比进一步增加，

构件的承载性能急剧降低，为了合理地发挥薄壁钢管混凝土柱受压性能的优势，建议限制 $L/D \leqslant 20$。

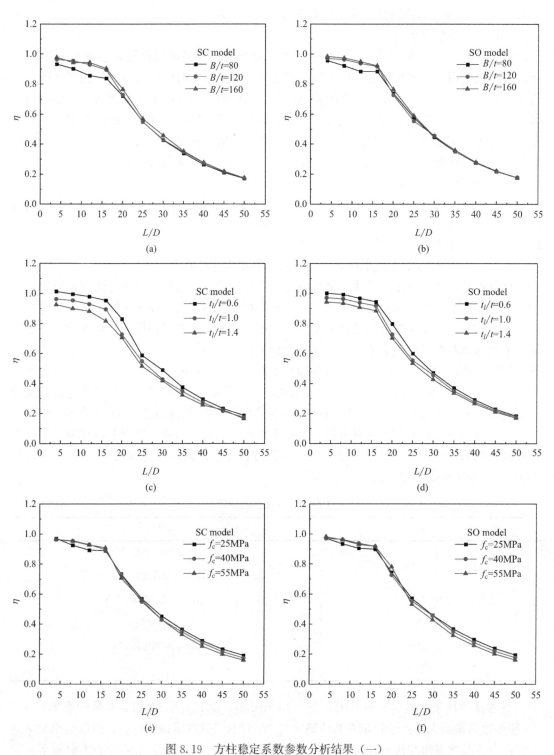

图 8.19　方柱稳定系数参数分析结果（一）

(a) B/t（SC 模型）；(b) B/t（SO 模型）；(c) t_l/t（SC 模型）；(d) t_l/t（SO 模型）；(e) f_c（SC 模型）；(f) f_c（SO 模型）

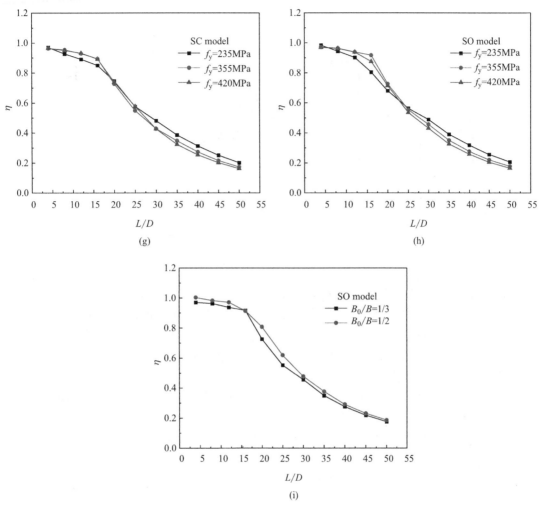

图 8.19　方柱稳定系数参数分析结果（二）

（g）f_y（SC 模型）；（h）f_y（SO 模型）；（i）B_0/B（SO 模型）

（3）等偏心铰支柱弯矩增大系数分析

标准等偏心铰支柱是研究长柱二阶效应的基础。图 8.20 为标准等偏心铰支柱的二阶效应示意图。构件在偏心轴力作用下，产生了横向挠曲变形，进而截面存在附加二阶弯矩。二阶效应对构件受力性能的影响与长径比相关。对于长径比较小的柱，由于柱的纵向弯曲很小，可忽略不计。构件的跨中弯矩 M 与轴力 N 的比值基本保持不变，受力路径近似为直线 Ⅰ，认为柱失效时各横截面均达到极限状态，构件发生"材料破坏"。随长细比增大，二阶弯矩不可忽略，构件跨中弯矩 M 随轴力 N 非线性增长。当附加弯矩相对于柱端弯矩较小时，构件仍视为发生"材料破坏"，受力路径为曲线 Ⅱ；当微小的轴力增量可引起横向挠曲的急剧增长，构件破坏的荷载远低于预期承载力，即发生"失稳破坏"，受力路径为曲线 Ⅲ。

当柱端弯矩同号、轴压比较大或构件长细比较大时，$P\text{-}\delta$ 效应对构件受力的不利作用明显，构件由弯矩最大的截面起控制作用。目前国内外很多混凝土结构和钢-混凝土组合

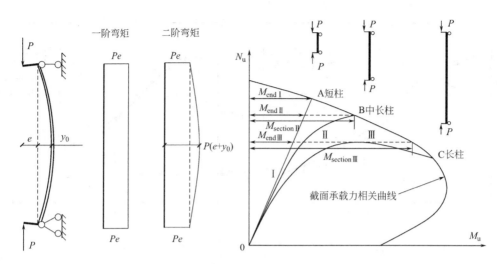

图 8.20 等偏心铰支柱二阶效应示意图

结构设计规范（如 ACI-318[15]，Eurocode 2[16]，GB-50010[8] 等）均通过放大控制截面弯矩的方法来考虑构件的二阶效应，即将构件的设计等效为控制截面的承载力设计。本节采用类似方法对薄壁钢管混凝土构件的二阶效应进行分析，通过弯矩（偏心距）增大系数 η（$\eta = M_{section}/M_{end}$）将峰值时构件的端部弯矩 M_{end} 和控制截面弯矩 $M_{section}$ 建立对应关系，进而将构件的设计转换为截面承载力的设计。

为研究不同参数对弯矩增大系数的影响，采用上述有限元建模方法对薄壁钢管混凝土长柱进行参数分析。鉴于偏压构件中荷载偏心率 $2e/B$ 为弯矩增大系数的主要影响因素之一，初始缺陷的影响可按初偏心进行考虑，在偏心受压构件有限元模拟时不再考虑初始缺陷，缺陷幅值可折算成荷载偏心率在计算公式中予以考虑。参数分析中，标准模型的截面尺寸为 240mm×240mm，柱端荷载偏心距为 e，具体参数见表 8.4。

方形等偏心铰支柱参数取值　　　　　　　　　　　　　　　　　　　　　表 8.4

参数	取值
B/t	80,120,160（固定值 120）
t_l/t	0.6,1.0,1.4（固定值 1.0）
B_0/B	1/3,1/2（固定值 1/3）
f_c(MPa)	25,40,55（固定值 40）
f_y(MPa)	235,355,420（固定值 355）
$2e/B$	0.1,0.3,0.5,0.7,0.9
L/B	8,11,14,17,20

通过有限元计算，可得到不同参数试件的峰值承载力 P_u，进而得到其端部一阶弯矩；采用 8.1 节中给出的薄壁钢管混凝土截面轴力-弯矩相关曲线计算公式，可得到轴力 P_u 对应截面弯矩 $M_{section}$，通过 $\eta = M_{section}/M_{end}$ 求得弯矩增大系数 η。图 8.21 为参数分析计算结果，对于薄壁钢管混凝土长柱，弯矩增大系数随构件长径比增大近似呈线性增长，且增大速率随荷载偏心率的增大而减小，其中 $L/B = 17$ 的 SC 模型对应的弯矩放大系数略微偏

大，是由于该长细比下模型收敛性较差，适当放大网格尺寸所致。总体上，$2e/B$、L/B、B/t、t_l/t 对 η 的影响较大，而 f_c、f_y、B_0/B 对 η 的影响有限。

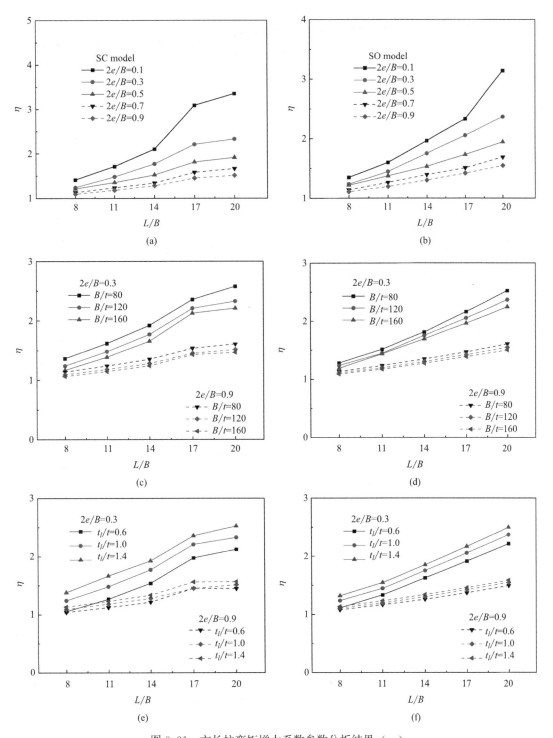

图 8.21　方长柱弯矩增大系数参数分析结果（一）

（a）$2e/B$（SC 模型）；（b）$2e/B$（SO 模型）；（c）B/t（SC 模型）；（d）B/t（SO 模型）；
（e）t_l/t（SC 模型）；（f）t_l/t（SO 模型）

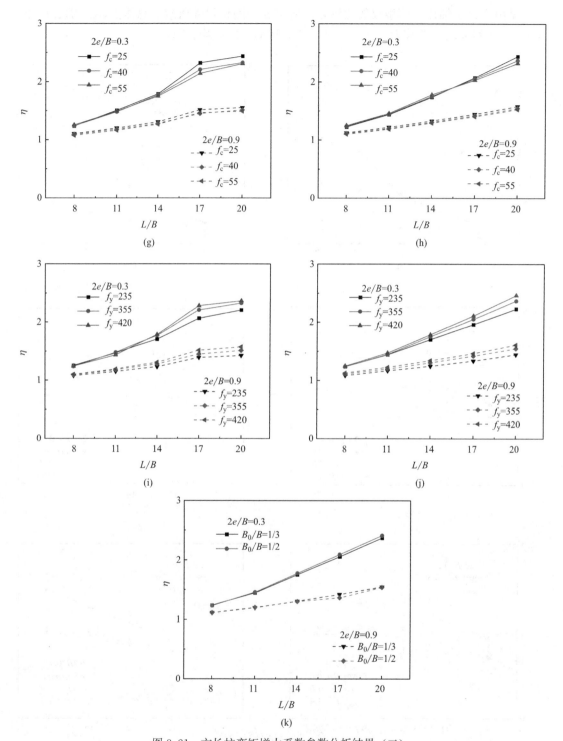

图 8.21 方长柱弯矩增大系数参数分析结果（二）

(g) f_c（SC 模型）；(h) f_c（SO 模型）；(i) f_y（SC 模型）；(j) f_y（SO 模型）；(k) B_0/B（SO 模型）

（4）不等偏心铰支柱偏心距调节系数分析

在实际建筑结构中，由于偏心距的不同或者水平荷载的影响等，柱子两端承受的弯矩往往是不同的。对于不等偏心柱，各国设计规范中通常引入偏心距调节系数 C_m 对其设计进行简化。我国《混凝土结构设计规范（2015 年版）》GB 50010—2010 中规定：除排架结构柱外，其他偏心受压构件考虑轴向压力在挠曲杆件中产生的二阶效应后控制截面的弯矩设计值可按下式计算：

$$M = C_m \eta M_2 \tag{8-24}$$

式中 M_2 为绝对值较大的柱端弯矩，ηM_2 可理解为端部弯矩为 M_2 的等偏心柱的截面控制弯矩，利用 C_m 对 ηM_2 进行修正得到不等偏心柱的截面控制弯矩 M。采用本章的有限元模型，对不等偏心铰支薄壁方钢管混凝土进行参数分析，并得到偏心距调节系数随不同参数变化的关系曲线。如图 8.22 所示，η 的具体计算方法如下：首先根据有限元模型分别计算相应等偏心构件（其偏心距与不等偏心柱绝对值较大的偏心距相等）和不等偏心构件的峰值竖向荷载 P_{uI} 和 P_{uII}，进而得到构件的一阶弯矩 M_{end}（$M_{endI} = P_{uI} e_2$；$M_{endII} = P_{uII} e_2$），再通过薄壁钢管混凝土截面轴力-弯矩关系曲线，分别计算峰值轴力 P_{uI} 和 P_{uII} 对应的截面弯矩 $M_{sectionI}$ 和 $M_{sectionII}$，则 $M_{sectionI}$ 和 $M_{sectionII}$ 的比值即为偏心距调节系数 C_m。

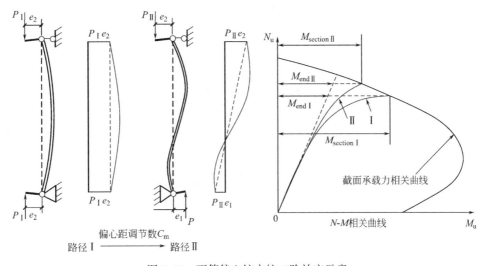

图 8.22　不等偏心铰支柱二阶效应示意

　　分析表明，混凝土强度、钢管屈服强度、钢管宽厚比等参数对偏心距调节系数的影响并不明显，在本书的参数分析中，仅考虑构件长宽比（L/B）、绝对值较大的柱端偏心率（$2e_2/B$）、两端偏心比值（e_1/e_2），具体参数取值见表 8.5，其余参数与上节介绍的标准有限元分析构件相同。

方形不等偏心铰支柱参数取值　　　　　　　　　　　　表 8.5

参数	取值
$2e_2/B$	0.3,0.6,0.9
L/B	10,20,30
e_1/e_2	$-0.9,-0.6,-0.3,0,0.3,0.6,1$

图 8.23 为方形构件偏心距调节系数参数分析结果，发现偏心距调节系数随柱端偏心

距比值 e_1/e_2 的增大而增大，而 L/B 和 $2e_2/B$ 的影响有限。

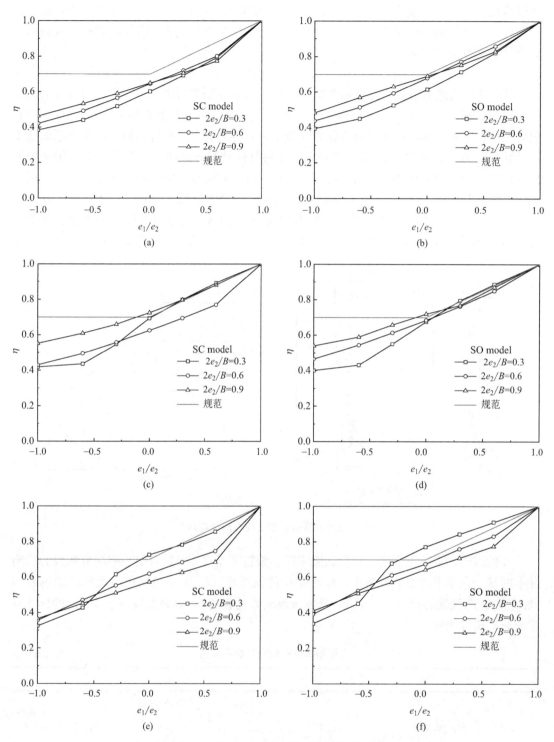

图 8.23　方长柱偏心距调节系数参数分析结果

(a) SC 模型：$L/B=10$；(b) SO 模型：$L/B=10$；(c) SC 模型：$L/B=20$；(d) SO 模型：$L/B=20$；

(e) SC 模型：$L/B=30$；(f) SO 模型：$L/B=30$

8.2.2　方长柱的受压承载力简化计算公式

（1）稳定系数计算公式

基于有限元参数分析，分别提出了衬管加劲薄壁方钢管混凝土轴压构件稳定系数计算公式，见式（8-25）和式（8-26）。

SC 构件：

$$\varphi = \begin{cases} -0.2\lambda + 1 & \lambda < 0.25 \\ [1+(0.19\lambda+0.78)/\lambda^2]/2 - \sqrt{[1+(0.43\lambda+0.75)/\lambda^2]^2/4 - 1/\lambda^2} & 0.25 \leqslant \lambda \leqslant 1.0 \\ [1+(0.53\lambda+0.67)/\lambda^2]/2 - \sqrt{[1+(0.5\lambda+0.8)/\lambda^2]^2/4 - 1/\lambda^2} & \lambda > 1.0 \end{cases}$$

$$(8\text{-}25)$$

SO 构件：

$$\varphi = \begin{cases} -0.2\lambda + 1 & \lambda < 0.25 \\ [1+(0.19\lambda+0.78)/\lambda^2]/2 - \sqrt{[1+(0.42\lambda+0.75)/\lambda^2]^2/4 - 1/\lambda^2} & 0.25 \leqslant \lambda \leqslant 1.0 \\ [1+(0.6\lambda+0.67)/\lambda^2]/2 - \sqrt{[1+(0.5\lambda+0.8)/\lambda^2]^2/4 - 1/\lambda^2} & \lambda > 1.0 \end{cases}$$

$$(8\text{-}26)$$

式中：λ——换算长细比 $\lambda = \sqrt{\dfrac{N_0}{N_{cr}}}$；

N_{cr}——欧拉临界力 $N_{cr} = \dfrac{\pi^2 E I_e}{L^2}$，其中 $EI_e = E_t I_t + E_l I_l + E_c I_c$，角标 t、$l$、c 分别

对应套管、衬管加劲肋以及混凝土。

图 8.24 为加劲薄壁方钢管混凝土长柱稳定系数的理念计算结果，并与现行规范[7-8]进行对比，发现按式（8-25）、式（8-26）计算的稳定系数与有限元结果吻合良好，与规范较为接近。由于有限元建模时按柱长的 1/500 考虑构件缺陷，在长细比较大时过于保守，当长径比大于 30 时稳定系数可按《钢管混凝土结构技术规范》进行计算。

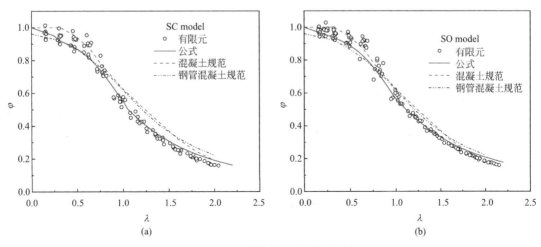

图 8.24　方长柱稳定系数公式验证
（a）SC 模型：B/t；（b）SO 模型：B/t

（2）弯矩增大系数计算公式

基于有限元参数分析，考虑构件长宽比、宽厚比和荷载偏心率等参数对弯矩增大系数的影响，分别提出了衬管加劲薄壁方钢管混凝土柱弯矩增大系数计算公式，见式（8-27）和式（8-28）。对于 SC 构件，公式与有限元结果对比见图 8.25（a），二者比值的平均值和标准差分别为 1.094 和 0.093。对于 SO 构件，公式与有限元结果对比见图 8.25（b），二者比值的平均值和标准差分别为 1.045 和 0.084。由于 SC 模型在同等网格尺寸下，$L/B=17$ 的模型收敛性较差，适当放大网格，导致有限元预测的弯矩增大系数偏大，但整体上，式（8-26）和式（8-27）能有效预测方形薄壁钢管混凝土长柱的弯矩增大系数。

SC 构件：

$$\eta = \frac{1}{22(2e/B)^{0.5}}\left(\frac{L}{B}\right)^{1.6}\left(\frac{B}{t}\right)^{-0.4}\left(\frac{t_l}{t}\right)^{0.5} + 1 \tag{8-27}$$

SO 构件：

$$\eta = \frac{1}{23(2e/B)^{0.6}}\left(\frac{L}{B}\right)^{1.7}\left(\frac{B}{t}\right)^{-0.5}\left(\frac{t_l}{t}\right)^{0.4} + 1 \tag{8-28}$$

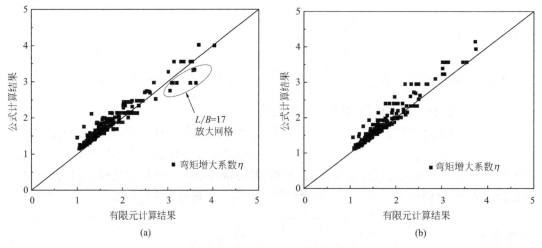

图 8.25　方长柱弯矩增大系数公式验证
(a) SC 构件；(b) SO 构件

（3）偏心距调节系数计算公式

参考我国《混凝土结构设计规范》中的设计方法，见式（8-29）。从图 8.26 可以看出，式（8-29）适用于加劲薄壁方钢管混凝土柱。

$$C_m = 0.7 + 0.3\frac{e_1}{e_2} \geqslant 0.7 \tag{8-29}$$

8.2.3　圆长柱的受压承载力参数分析

（1）有限元建模

圆形受压长柱的有限元建模方法参考 8.2.1 节方长柱的有限元建模方法，在此基础上，针对工程中常见的圆钢管混凝土柱和带直肋的圆钢管混凝土柱，对轴心受压和偏心受压两种工况进行参数分析。

（2）稳定系数分析

为研究不同参数对薄壁圆钢管混凝土柱稳定系数的影响，采用上述有限元建模方法对薄壁钢管混凝土长柱进行参数分析。参数分析中，标准模型的截面尺寸为 240mm×240mm，具体参数见表 8.6。

圆柱稳定系数参数取值　　　　　　　　　　　　　　　表 8.6

参数	取值
D/t	80,120,160(固定值 120)
$h_l(\text{mm})$	20,40,60
$f_c(\text{MPa})$	25,40,55(固定值 40)
$f_y(\text{MPa})$	235,355,420(固定值 355)
L/D	4,8,12,16,20,25,30,35,40,45,50

各参数对柱子曲线的影响见图 8.26。由于研究参数在取值范围内对薄壁钢管混凝土长柱刚度的影响有限以及取决于 N_0 计算公式的准确性，截面参数和材料参数对 φ 值的影响规律并不明显，但总体而言，长径比是影响 φ 值的主要因素。为了合理地发挥薄壁钢管混凝土柱受压性能的优势，建议限制 $L/D \leqslant 20$。

（3）等偏心铰支柱弯矩增大系数分析

采用上述的有限元建模方法，对等偏心铰支圆钢管混凝土柱（CU）和等偏心铰支带直肋圆钢管混凝土柱（CR）进行参数分析，考虑的参数包括钢管径厚比（D/t）、混凝土圆柱体抗压强度（f_c）、钢管屈服强度（f_y）、加劲肋高度（h_l）、柱端荷载偏心率（$2e/D$）和长径比（L/D）六个参数，标准模型的截面尺寸为 240mm×240mm，具体参数见表 8.7。

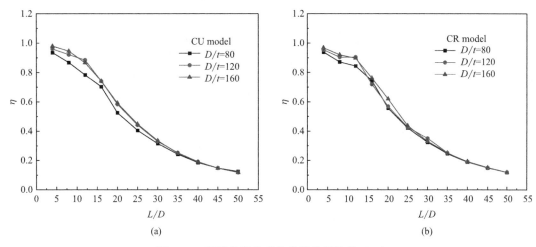

图 8.26　圆长柱稳定系数参数分析结果（一）

（a）CU 模型：D/t；（b）CR 模型：D/t

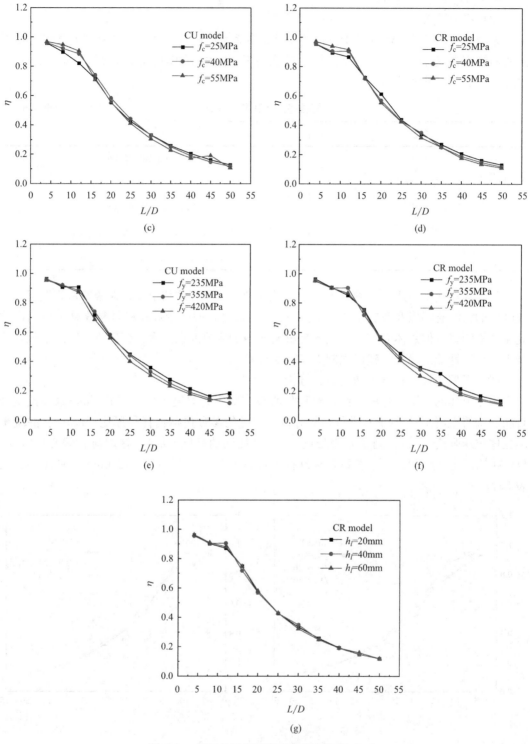

图 8.26　圆长柱稳定系数参数分析结果（二）

(c) CU 模型：f_c；(d) CR 模型：f_c；(e) CU 模型：f_y；

(f) CR 模型：f_y；(g) CR 模型：h_l

圆形等偏心铰支柱参数取值　　　　　　　　　　　　　　　　　表 8.7

参数	取值
D/t	80,120,160(固定值 120)
f_c(MPa)	25,40,55(固定值 40)
f_y(MPa)	235,355,420(固定值 355)
h_1(mm)	20,40,60
$2e/D$	0.1,0.3,0.5,0.7,0.9
L/D	8,11,14,17,20

　　图 8.27 为圆长柱弯矩增大系数参数分析的结果。对于圆形薄壁钢管混凝土长柱，弯矩增大系数随构件长径比增大近似呈近似线性增长，且增大速率随荷载偏心率的增大而减小。总体上，$2e/D$、L/D、D/t 对 η 的影响较大，而 f_c 对 η 的影响有限；在某些荷载偏心率下，f_y 对 η 有一定影响。

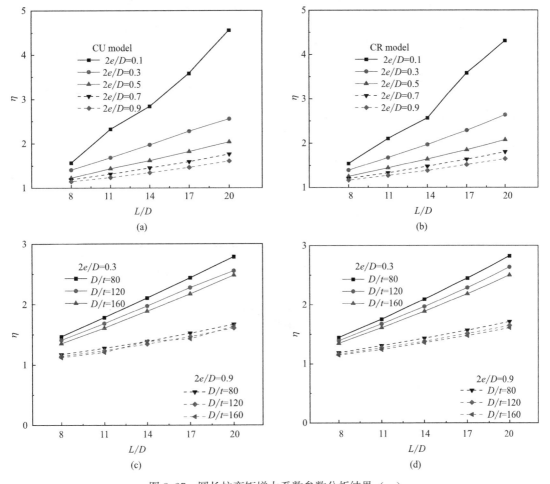

图 8.27　圆长柱弯矩增大系数参数分析结果（一）
(a) CU 模型：$2e/D$；(b) CR 模型：$2e/D$；(c) CU 模型：D/t；(d) CR 模型：D/t

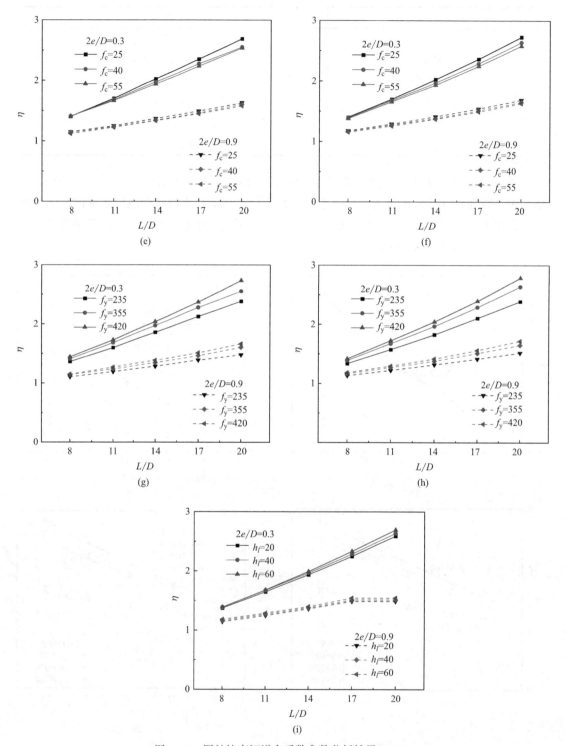

图 8.27　圆长柱弯矩增大系数参数分析结果（二）

（e）CU 模型：f_c；（f）CR 模型：f_c；（g）CU 模型：f_y；（h）CR 模型：f_y；（i）CR 模型：h_l

（4）不等偏心铰支柱偏心距调节系数分析

同方形不等偏心铰支柱，考虑到混凝土强度、钢材屈服强度、钢管径厚比对偏心距调节系数的影响并不明显，在本节参数分析中，仅考虑构件长径比（L/D）、绝对值较大的柱端偏心率（$2e_2/D$）、两端偏心距比值（e_1/e_2）三个参数，具体取值见表 8.8。

圆形不等偏心铰支柱参数取值 表 8.8

参数	取值
$2e_2/D$	0.3,0.6,0.9
L/D	10,20,30
e_1/e_2	$-1,-0.6,-0.3,0,0.3,0.6,1$

图 8.28 为圆形构件偏心距调节系数参数分析的结果，可以看出我国《混凝土结构设计规范（2015 年版）》GB 50010—2010 中的计算方法，同样适用于薄壁圆钢管混凝土柱和薄壁直肋钢管混凝土柱。

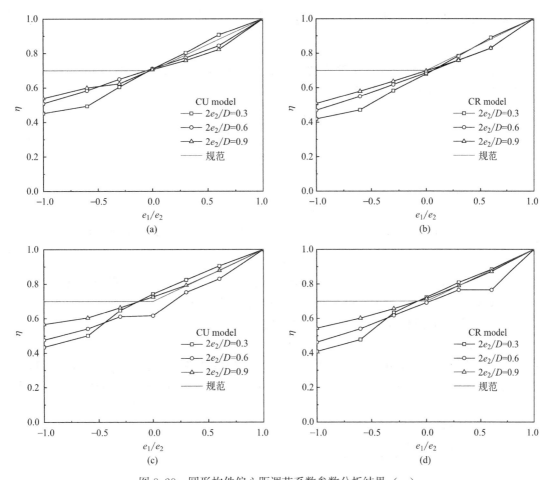

图 8.28 圆形构件偏心距调节系数参数分析结果（一）
(a) CU 模型：$L/D=10$；(b) CR 模型：$L/D=10$；(c) CU 模型：$L/D=20$；(d) CR 模型：$L/D=20$

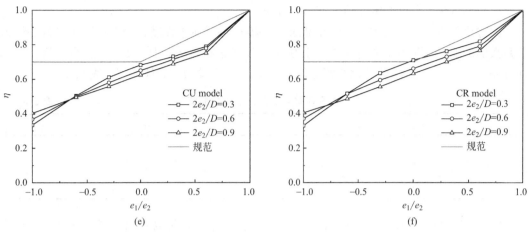

图 8.28　圆形构件偏心距调节系数参数分析结果（二）

(e) CU 模型：$L/D=30$；(f) CR 模型：$L/D=30$

8.2.4　圆长柱的受压承载力简化计算公式

（1）稳定系数计算公式

基于以上参数分析，提出了薄壁圆钢管混凝土偏压构件稳定系数计算公式（8-30），式（8-30）适用于 CU 模型和 CR 模型。

$$\varphi=\begin{cases}-0.3\lambda+1 & \lambda\leqslant0.25\\ [1+(0.56\lambda+0.49)/\lambda^2]/2-\sqrt{[1+(0.89\lambda+0.48)/\lambda^2]^2/4-1/\lambda^2} & \lambda>0.25\end{cases}$$

(8-30)

式中：λ——换算长细比 $\lambda=\sqrt{\dfrac{N_0}{N_{cr}}}$；

N_{cr}——欧拉临界力 $N_{cr}=\dfrac{\pi^2EI_e}{L^2}$，其中 $EI_e=E_tI_t+E_lI_l+E_cI_c$，角标 t、$l$、c 分别

对应套管、衬管加劲肋以及混凝土。

图 8.29 为薄壁圆钢管混凝土长柱稳定系数的理论计算结果，并与现行规范[7-8] 进行对比，发现按式（8-30）计算的稳定系数与有限元结果吻合良好。由于有限元建模时按柱长的 1/500 考虑构件缺陷，整体比现行规范偏安全。

（2）弯矩增大系数计算公式

基于以上参数分析，将 CU 和 CR 模型的弯矩增大系数统一为式（8-31）。对于 CU 构件，公式与有限元结果对比见图 8.30（a），二者比值的平均值和标准差分别为 1.042 和 0.056。对于 CR 构件，公式与有限元结果对比见图 8.30（b），二者比值的平均值和标准差分别为 1.040 和 0.058。

$$\eta=\frac{1}{70.3(2e/D)^{0.76}}\left(\frac{L}{D}\right)^{1.9}\left(\frac{D}{t}\right)^{-0.4}+1.1$$

(8-31)

（3）偏心距调节系数计算公式

参考我国《混凝土结构设计规范》[9] 中的偏心距调节系数的计算公式，由图 8.28 可知，该方法同样适用于薄壁圆钢管混凝土柱，且偏于保守。

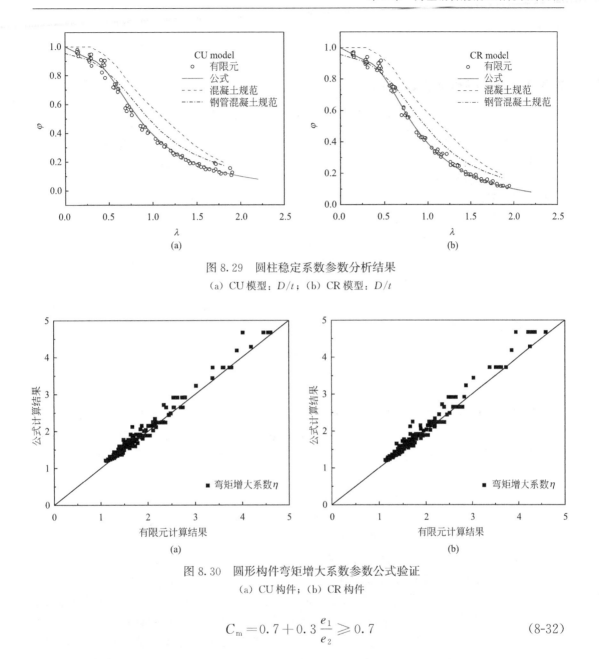

图 8.29 圆柱稳定系数参数分析结果

(a) CU 模型：D/t；(b) CR 模型：D/t

图 8.30 圆形构件弯矩增大系数参数公式验证

(a) CU 构件；(b) CR 构件

$$C_{\mathrm{m}} = 0.7 + 0.3\frac{e_1}{e_2} \geqslant 0.7 \qquad (8\text{-}32)$$

8.3 薄壁钢管混凝土柱的恢复力模型

恢复力模型包括骨架曲线和滞回规则，反映构件在往复荷载下的强度、刚度、位移延性及耗能能力等力学特性，是结构弹塑性反应简化分析的基础。基于试验与有限元分析的结果，建立如图 8.31 所示的薄壁钢管混凝土柱恢复力模型，其骨架线简化为三段直线，并假定卸载刚度不变且等于加载段弹性刚度。模型的控制参数为弹性刚度 K_{a}，屈服荷载 P_{y}，峰值荷载 P_{u} 及其对应的峰值位移 Δ_{u}，以及退化刚度 K_{d}。恢复力 P 在达到 P_{y} 之前，加载和卸载过程均处于弹性阶段；当 P 大于 P_{y} 但小于 P_{u} 时，构件处于弹塑性阶段，典型滞回环为"4-A-1-2-A'-3-4";当 P 大于 P_u 时,典型滞回环为"6-C-5-C'-6"。

8.3.1 方柱的抗侧恢复力模型

对于薄壁方钢管混凝土柱,考虑到内衬圆管和八边形管加劲方案对构件滞回性能的改善效果明显,仅建立内衬圆管/八边形管加劲薄壁方钢管混凝土柱的恢复力模型,具体控制参数的计算如下:

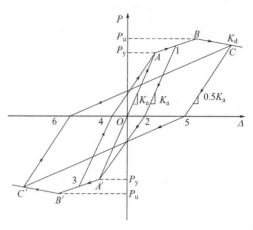

图 8.31 恢复力模型

① 弹性段刚度 K_a

K_a 是与单位横向弹性位移对应的横向力,由截面抗弯刚度与有效柱高确定,见式(8-33),由于此时试件处于弹性阶段,因此不考虑衬管的作用。其中 K_e 为规范 EC4[11] 规定的钢管混凝土组合截面抗弯刚度,混凝土弹性模量 $E_c = 4700\sqrt{f_c}$。

$$K_a = 3K_e/H_e^3 \tag{8-33}$$

$$K_e = E_sI_s + 0.6E_cI_c \tag{8-34}$$

② 屈服荷载 P_y

P_y 是柱脚最外侧钢管纤维屈服时对应的屈服弯矩 M_y 与柱的有效柱高 H_e 的比值见式(8-35)。其中计算 M_y 时考虑轴压的影响,但忽略混凝土的弯曲作用。式中 W_s 是方钢管截面抵抗矩,ε_y 是钢管的屈服应变($\varepsilon_y = f_y/E_s$),ε_0 是轴压力引起的混凝土应变。

$$P_y = M_y/H_e \tag{8-35}$$

$$M_y = W_sE_s(\varepsilon_y - \varepsilon_0) \tag{8-36}$$

$$\varepsilon_0 = N_0/(E_sI_s + E_cI_c) \tag{8-37}$$

③ 峰值荷载 P_u 和与之对应的峰值位移 Δ_u

试验研究表明,衬管加劲薄壁方钢管混凝土柱的承载力峰值状态由柱底塑性铰区的抗弯能力决定,塑性变形集中于底部塑性铰区域。为计算峰值荷载时的 P_u 和 Δ_u,将衬管加劲薄壁方钢管混凝土柱简化为如图 8.32 所示的集中塑性铰力学模型。基于试验与有限元计算结果,模型采用以下几点假定:①假定构件的塑性变形均在塑性铰区产生,塑性铰的高度 H_p 近似为 $B/3$(与有限元模型相同);②对于仅设置于塑性铰区域的圆形和八边形衬管,忽略其纵向受力效应,而仅考虑其对核心混凝土提供约束作用,且等效约束应力及约束混凝土强度与轴压工况一致,分别按式(8-5)和式(8-7)计算;③塑性铰区钢材和混凝土的应力分布满足全截面塑性假定;④按式(8-1)计算受压侧钢管的有效受压宽度 B_e;⑤假定峰值荷载时塑性铰区最外侧受压混凝土达到极限压应变 ε_{ccu},ε_{ccu} 按本书第 4 章式(4-4)计算。

基于以上假定,由几何关系和内力平衡条件,计算 P_u 和 Δ_u,见式(8-38)~式(8-45)。峰值荷载作用下的位移 Δ_u 由峰值荷载作用下的横向弹性位移 Δ_e 和塑性位移 Δ_p 组成。其中,Δ_e 根据胡克定律计算;Δ_p 由图 8.32 所示几何关系,按式(8-40)计算得到;α 是塑性铰域的转动角度;ε_t 是与 ε_{ccu} 对应的钢管最外侧纤维拉伸应变;h_n 是塑性铰

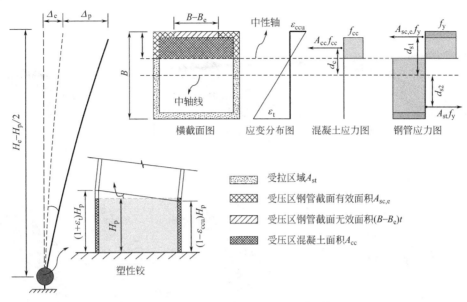

图 8.32　薄壁方钢管混凝土柱的受力简图

处截面的受压区高度，由式（8-43）可推出 h_n 的计算公式（8-44），式中约束混凝土的强度 f_{cc} 计算方法与轴压工况一致；最后对截面的中心取矩，由力矩的平衡公式（8-45）可以得到峰值荷载 P_u。式中，A_{cc} 和 d_c 分别是受压区混凝土面积和其质心到中心轴的距离；$A_{sc,e}$ 和 d_{s1} 分别是钢管有效受压面积和其质心到中心轴的距离；A_{st} 和 d_{s2} 分别是钢管受拉区面积和其质心到中心轴的距离。

$$\Delta_u = \Delta_e + \Delta_p \tag{8-38}$$

$$\Delta_e = P_y / K_a \tag{8-39}$$

$$\Delta_p = (H_e - H_p/2)\tan\alpha \tag{8-40}$$

$$\tan\alpha = \frac{H_p}{B}(\varepsilon_{ccu} + \varepsilon_t) \tag{8-41}$$

$$\varepsilon_t = (B/h_n - 1)\varepsilon_{ccu} \tag{8-42}$$

$$N_0 = A_{cc}f_{cc} + A_{sc,e}f_y - A_{st}f_y \tag{8-43}$$

$$h_n = \frac{N_0 + (3B - B_e)\cdot t\cdot f_y + (B - 2t)\cdot t\cdot f_{cc}}{(B - 2t)\cdot f_{cc} + 4t\cdot f_y} \tag{8-44}$$

$$P_u(H_e - H_p/2) + N_0\Delta_u = A_{cc}f_{cc}d_c + A_{sc,e}f_yd_{s1} - A_{st}f_yd_{s2} \tag{8-45}$$

④ 退化刚度 K_d

影响骨架曲线刚度下降的因素有很多，例如轴向载荷比、材料强度、约束水平等因素，目前采用的有限元模型难以对其进行预测，考虑到加劲肋对延性有较好的改善效果，薄壁钢管混凝土柱的刚度下降趋势没有明显的变化，因此，采用试验结果的下限来粗略估计设置加劲肋试件的下降刚度，采用的公式见式（8-46）。

$$K_d = -0.03K_a \tag{8-46}$$

将提出的简化滞回曲线模型与试验结果对比，对比结果见图 8.33。理论计算结果与试验荷载-位移曲线吻合较好。

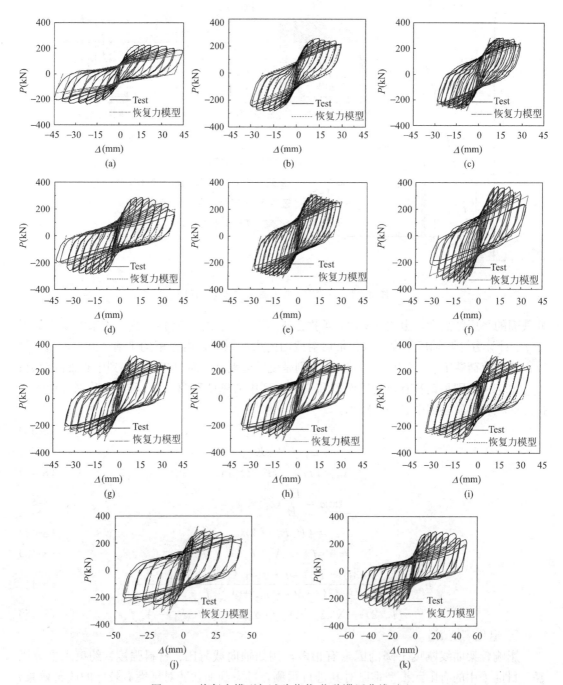

图 8.33　恢复力模型与试验荷载-位移滞回曲线对比

(a) SC-100-0.2-cw；(b) SC-100-0.4-cw；(c) SC-100-0.6-cw；(d) SO-120-0.2-dw60；(e) SO-120-0.4-dw60 (R)；

(f) SO-120H-0.4-dw60 (R)；(g) SO-120-0.4-s150；(h) SO-120-0.4-s75；(i) SC-120-0.4-dw60；

(j) SC-120-0.4-s75；(k) SC-120-0.2-s75

8.3.2　圆柱的抗侧恢复力模型

本书基于试验结果和试件的受力机理，提出了薄壁圆钢管混凝土柱（包括未加劲和衬管加劲试件）的恢复力模型。该模型的控制参数：弹性段刚度 K_a，屈服荷载 P_y，以及退化刚度 K_d 的计算方法均与方形截面柱相同。峰值荷载 P_u 和与之对应的峰值位移 Δ_u 的计算方法如下：

图 8.34 显示了薄壁圆钢管混凝土柱的集中塑性铰力学模型，该模型采用以下几点假定：①假定构件的塑性变形均在塑性铰区产生，塑性铰的高度近似为 $0.4D$（与有限元模型相同）；②圆钢管能对核心混凝土提供均匀有效的约束力，钢管处于平面应力受力状态，忽略钢管的径向应力，钢管应力环向应力 σ_h 和纵向应力 σ_v 满足 von Mises 屈服准则，其应力分配系数 k 与偏压工况一致，见式（8-18）；③对于外套圆管加劲（CO）和内衬圆管加劲（CI）的试件，由于加劲肋仅设置于塑性铰区域，忽略其纵向应力，仅考虑其对核心混凝土约束作用，根据有限元参数分析结果，将衬管提供的约束作用考虑为 20% 的衬管屈服强度，见式（8-47）；④塑性铰区钢材和混凝土的应力分布满足全截面塑性假定；⑤假定峰值荷载时塑性铰区最外侧受压混凝土达到极限压应变 ε_{ccu}，ε_{ccu} 按本书第 4 章式（4-4）计算。

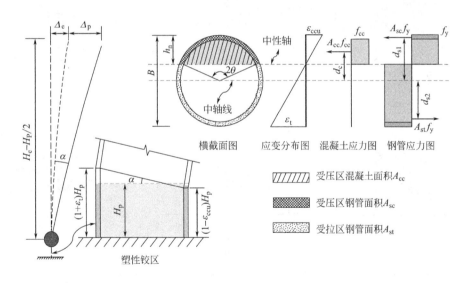

图 8.34　薄壁圆钢管混凝土柱的受力简图

$$f_l = \begin{cases} \dfrac{2t \cdot \sigma_h}{D - 2t} & \text{CU 试件} \\[2mm] \dfrac{2 \times (t\sigma_h + 0.2t_l f_{l,y})}{D - 2t} & \text{CO/CI 试件} \end{cases} \tag{8-47}$$

基于以上假设，由几何关系和内力平衡条件计算 P_u 和 Δ_u，由图 8.34 所示，与方柱的简化模型相似，峰值位移 Δ_u 也可分为峰值荷载作用下的横向弹性位移 Δ_e 和塑性位移 Δ_p，计算方法与方柱简化模型相同。值得注意的是受压区混凝土高度 h_n 计算方法与方柱模型有所不同，根据式（8-48）计算，其中，θ 为受压区混凝土所对应的圆心角。为求得

θ，首先分别计算受压区混凝土面积 A_{cc}、受压区钢管面积 A_{sc} 和受拉钢管面积 A_{st}，再代入试件截面力的平衡公式（8-49），可得到等式（8-50），根据该公式，可得到 θ，式中 D_c 为核心混凝土直径（$D_c = D - 2t$）。最后对截面的中心取矩，由力矩的平衡公式（8-51）可以得到峰值荷载 P_u。

$$h_n = \frac{D - 2t}{2} \cdot (1 - \cos\theta) \tag{8-48}$$

$$N_0 = A_{cc} f_{cc} + A_{sc} \sigma_v - A_{st} \sigma_v \tag{8-49}$$

$$N_0 = \left(\frac{1}{2}\theta D_c^2 - \frac{1}{2}\sin\theta\cos\theta D_c^2\right) f_{cc} + t\theta D\sigma_v - tD(\pi - \theta)\sigma_v \tag{8-50}$$

$$P_u(H_e - H_p/2) + N_0\Delta_u = A_{cc} f_{cc} d_c + A_{sc} \sigma_v d_{s1} + A_{st} \sigma_v d_{s2} \tag{8-51}$$

将提出的简化的滞回曲线模型，与试验结果对比，对比结果见图 8.35。理论计算结果与试验荷载-位移曲线吻合较好。

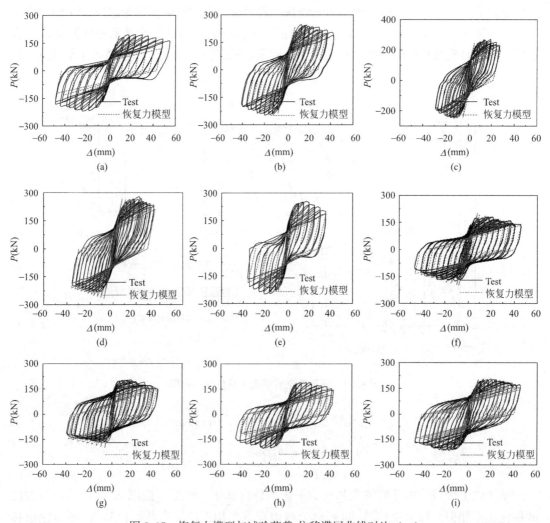

图 8.35 恢复力模型与试验荷载-位移滞回曲线对比（一）

(a) CU-120-0.2；(b) CU-120-0.4；(c) CU-120-0.6；(d) CU-80-0.4；(e) CU-100-0.4；
(f) CU-140-0.4；(g) CU-140-0.6；(h) CO-140-0.2-dw60；(i) CO-140-0.4-dw60

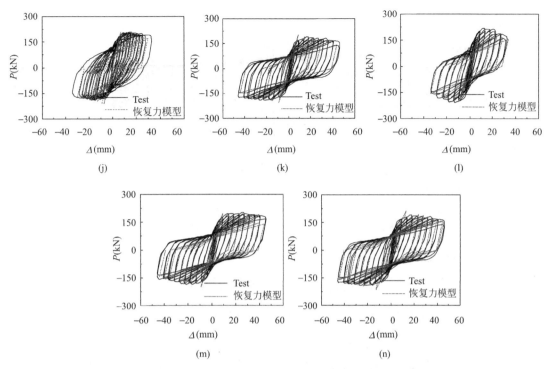

图 8.35　恢复力模型与试验荷载-位移滞回曲线对比（二）

(j) CO-140-0.6-dw60；(k) CO-140-0.4-s75；(l) CI-140-0.4-dw60；

(m) CI-140-0.4-s150；(n) CI-140-0.4-s75

8.4　薄壁钢管混凝土柱-钢梁框架节点的设计方法

8.4.1　圆柱-钢梁框架节点的设计方法

（1）理论模型的建立

目前环板式圆钢管混凝土柱-钢梁框架节点的环板宽度计算方法主要参考《钢管混凝土结构技术规范》GB 50936—2014 附录 C[7]，其计算见图 8.36。已有研究成果表面环板的破坏截面为图 8.39 中的红色虚线，假定破坏截面的剪力和轴力分别为 Q_y 和 N_y，根据力的平衡可得：

$$F = 2N_y \sin \alpha + 2Q_y \cos \alpha \tag{8-52}$$

其中，F 为钢梁翼缘拉力；α 为破坏截面与钢梁翼缘中心线的夹角；Q_y 和 N_y 可分别通过下式进行表示：

$$N_y = b_e t_e f_{et} + b_t t_t f_t \tag{8-53}$$

$$Q_y = b_e t_e f_{es} \tag{8-54}$$

式中，b_e 和 t_e 分别为环板的宽度和厚度；f_{et} 和 f_{es} 分别为破坏截面处环板的拉应力和剪应力；f_t 为破坏截面处柱钢管的屈服强度；t_t 为柱钢管的厚度；b_t 为柱钢管的等效

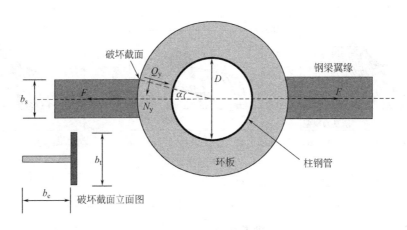

图 8.36 《钢管混凝土结构技术规范》[7] 的计算简图

高度，按下式进行计算：

$$b_t = \left(0.63 + 0.88\frac{b_s}{D}\right)\sqrt{Dt_t} + t_e \tag{8-55}$$

式中，b_s 为钢梁翼缘宽度；D 为柱钢管直径。根据 von Mises 应力准则可知：

$$\sqrt{f_{et}^2 + 3f_{es}^2} = f \tag{8-56}$$

式中，f 为环板屈服应力。通过对钢梁翼缘拉力取极值，可得：

$$\partial F / \partial f_{es} = 0 \tag{8-57}$$

结合公式（8-49）～公式（8-54），可得钢梁翼缘拉力与环板宽度的关系为：

$$b_e \geqslant F_1(\alpha)\frac{F}{t_e f} - F_2(\alpha)b_t\frac{t_t f_t}{t_e f} \tag{8-58}$$

$$F_1(\alpha) = \frac{0.87}{\sqrt{2\sin^2\alpha + 1}} \tag{8-59}$$

$$F_2(\alpha) = \frac{1.74\sin\alpha}{\sqrt{2\sin^2\alpha + 1}} \tag{8-60}$$

为了考虑柱轴压比对环板抗拉承载力的影响，规范对公式（8-59）进行了系数调整，本书暂不考虑柱轴压比对环板受力模型的影响。

（2）理论模型的验证

针对 r_{wd} 小于 0.25 的薄壁圆钢管混凝土柱-钢梁框架节点的环板抗拉设计，表 8.9 给出了理论模型值、有限元模拟值以及试验值的对比情况。从表可以看出，按照理论模型得到的环板抗拉承载力 F_d 和有限元模拟值或试验值 F_y 的比值范围为 0.76～1.06，说明理论模型仍然适用于 r_{wd} 小于 0.25 的薄壁圆钢管混凝土柱-钢梁框架节点。按照《钢管混凝土结构技术规范》GB 50936—2014 附录 C 进行环板宽度设计的试件 CW-100-6-1 发生了环板破坏，这是由于以下两点原因造成的：①对于小 r_{wd} 的节点而言，理论模型得到环板抗拉承载力具有较小的安全储备；②对于外环板式节点而言，钢梁传给环板的拉力不仅包括钢梁翼缘拉力，还包括钢梁腹板的拉力。因此，对于小 r_{wd} 的外环板式钢管混凝土柱-钢梁框架节点而言，建议环板宽度设计时应考虑钢梁腹板产生的拉力。

薄壁圆钢管混凝土柱-钢梁框架节点设计方法验证　　表 8.9

类型	n	D	b_s	b_e	t_e	f	t_t	f_t	F_y	F_d	F_d/F_y
试验	0.1	500	100	85	11.42	409.8	5.42	437.3	529	505	0.95
有限元	0.1	500	100	85	12	310	6	310	458	403	0.88
有限元	0.3	500	100	85	12	310	6	310	459	403	0.88
有限元	0.5	500	100	85	12	310	6	310	459	403	0.88
有限元	0.7	500	100	85	12	310	6	310	457	403	0.88
有限元	0.1	700	100	85	12	310	6	310	410	394	0.96
有限元	0.1	650	100	85	12	310	6	310	419	396	0.95
有限元	0.1	600	100	85	12	310	6	310	430	398	0.93
有限元	0.1	550	100	85	12	310	6	310	453	400	0.88
有限元	0.1	500	100	85	12	310	4	310	367	389	1.06
有限元	0.1	500	100	85	12	310	5	310	423	396	0.93
有限元	0.1	500	100	85	12	310	7	310	480	410	0.85
有限元	0.1	500	100	85	12	310	8	310	500	418	0.84
有限元	0.1	500	100	50	12	310	6	310	333	254	0.76
有限元	0.1	500	100	55	12	310	6	310	350	276	0.79
有限元	0.1	500	100	60	12	310	6	310	363	297	0.82
有限元	0.1	500	100	65	12	310	6	310	380	318	0.84
有限元	0.1	500	100	70	12	310	6	310	393	339	0.86
有限元	0.1	500	100	75	12	310	6	310	407	360	0.89
有限元	0.1	500	100	80	12	310	6	310	420	381	0.91
有限元	0.1	500	100	85	12	215	6	215	315	279	0.89
有限元	0.1	500	100	85	12	350	6	350	492	455	0.92
有限元	0.1	500	100	85	12	380	6	380	516	494	0.96

8.4.2　方柱-钢梁框架节点的设计方法

（1）理论模型的建立

目前环板式方钢管混凝土柱-钢梁框架节点的环板宽度计算方法可参考《矩形钢管混凝土结构技术规程》CECS 159：2004[17] 和文献 [18]。

①《矩形钢管混凝土结构技术规程》CECS 159：2004

图 8.37 为《矩形钢管混凝土结构技术规程》CECS 159：2004 的计算简图，从图可以看出，钢梁翼缘拉力 F 由内隔环板和柱钢管两部分承担。假设破坏截面 h_2 区域的应力为均匀分布，破坏截面 h_1 区域的应力为三角形分布，因此内隔环板承担的拉力 F_1 可按下列公式计算：

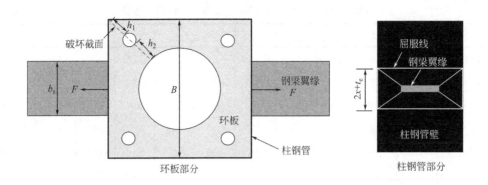

图 8.37 《矩形钢管混凝土结构技术规程》CECS 159：2004 的计算简图

$$F_1 = \sqrt{2}\, t_e f (h_1 + 0.5 h_2) \tag{8-61}$$

式中，t_e 为环板的厚度，f 为环板的屈服强度。柱钢管承担的拉力 F_2 通过屈服线理论计算得到：

$$F_2 = \frac{(4x + 2t_e)(M_p + M_a)}{0.5(B - b_s)} + \frac{4BM_p}{x} \tag{8-62}$$

式中，B 为柱钢管宽度；b_s 为钢梁翼缘宽度；M_p 为柱钢管的面外抗弯承载力，取值 $0.25 f_t t_t^2$，f_t 和 t_t 分别为柱钢管屈服强度和厚度；M_a 为柱钢管的面外抗弯承载力和焊缝抗弯承载力的较小值，通常 $M_a = M_p$；x 为屈服线的长度，按下式计算：

$$x = \sqrt{0.25(B - b_s)B} \tag{8-63}$$

② 文献 [18]

图 8.38 为文献 [18] 的计算简图，从图可以看出，钢梁翼缘拉力 F 由内隔环板和柱钢管两部分承担。内隔环板承担的拉力 F_1 取决于环板剪切区的剪切强度，按下式进行计算：

$$F_1 = 2t_e b_e f / \sqrt{3} \tag{8-64}$$

式中，b_e 和 t_e 分别为环板的宽度和厚度；f 为环板的屈服强度。柱钢管承担的拉力 F_2 通过屈服线理论计算得到，见公式（8-62）。

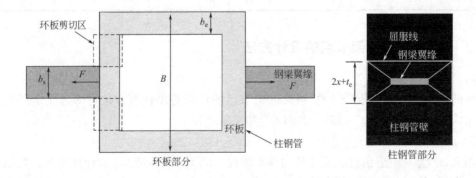

图 8.38 文献 [18] 的计算简图

从上述公式推导可知，《矩形钢管混凝土结构技术规程》CECS 159：2004 和文献

[18] 均未考虑环板弯矩的影响，这对于 r_{wb} 较小的薄壁方钢管混凝土柱-钢梁框架节点而言并不合理。

③ 新型的方环板抗拉模型

钢梁翼缘拉力 F 同样由环板贡献的 F_1 和柱钢管贡献的 F_2 两部分组成。环板贡献的 F_1 的计算简图见图 8.39，在文献 [18] 的基础上考虑环板弯矩的影响，对环板弯矩区采用虚功原理可得：

$$\frac{F_1\delta}{2}=F_{11}\delta_1+F_{12}\delta_2 \tag{8-65}$$

式中，δ 为总虚位移；δ_1 为由环板弯曲引起的虚位移；δ_2 为由环板剪切引起的虚位移；F_1 为由环板抗弯承载力决定的钢梁翼缘拉力；F_2 为由环板抗剪承载力决定的钢梁翼缘拉力；F_1 和 F_2 由下式可得：

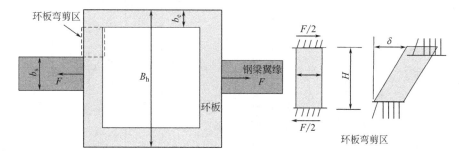

图 8.39　新型的方环板计算简图

$$F_{11}=2W_p f/H \tag{8-66}$$

$$F_{12}=Af/\sqrt{3} \tag{8-67}$$

式中，W_p 为环板截面的塑性抗弯模量，取值 $t_e b_e^2/4$；H 为环板弯剪区的高度，取值 $B_h/2-b_s/2-b_e$，B_h 为环板边长；根据材料力学，δ_1/δ 和 δ_2/δ 由下式可得：

$$\delta_1/\delta=\frac{H^3/(3EI_w)}{H^3/(3EI_w)+\mu H(GA_w)} \tag{8-68}$$

$$\delta_2/\delta=\frac{\mu H/(GA_w)}{H^3/(3EI_w)+\mu H(GA_w)} \tag{8-69}$$

式中，E 和 G 分别为钢材弹性模型和剪切模量；I_w 为环板截面的抗弯惯性矩；μ 为钢材泊松比。结合公式（8-66）～公式（8-69）即可到 F_1 与 b_e 的关系。

柱钢管承担的拉力 F_2 可按公式（8-62）和公式（8-63）进行计算，但考虑到薄壁柱钢管面外刚度小，因此 M_p 和 M_a 均只考虑弹性情况，即 $M_p=M_a=f_t t_t^2/6$。

（2）理论模型的验证

针对 r_{wb} 小于 0.2 的薄壁方钢管混凝土柱-钢梁框架节点的环板抗拉设计，表 8.10 给出了理论模型值、有限元模拟值以及试验值的对比情况。由于根据《矩形钢管混凝土结构技术规程》CECS 159：2004 计算得到环板抗拉承载力恒高于根据文献 [18] 计算得到的环板抗拉承载力，故不考虑前者的环板抗拉承载力计算公式。从表可以看出，按文献 [18] 得到的环板抗拉承载力 F_{d3} 和有限元模拟值或试验值 F_y 的比值范围为 1.39～3.48，按新型方环板宽度设计方法得到的环板抗拉承载力 F_d 和有限元模拟值或试验值 F_y 的比值范围为 0.74～1.06，验证了新型方环板宽度设计方法的有效性。

薄壁方钢管混凝土柱-钢梁框架节点设计方法验证　　表 8.10

类型	n	B_h	b_s	b_e	t_e	f	t_t	f_t	F_y	F_d	F_{d3}	F_{d1}/F_y	F_{d3}/F_y
试验	0.1	520	100	70	11.42	409.8	3.55	445.1	290	216	404	0.74	1.39
试验	0	520	100	65	11.42	409.8	5.42	437.3	239	204	409	0.85	1.71
试验	0.1	520	100	65	11.42	409.8	5.42	437.3	235	204	409	0.87	1.74
试验	0.1	630	100	65	11.42	409.8	5.42	437.3	193	157	193	0.81	2.12
有限元	0.1	630	100	65	12	310	6	310	133	128	330	0.96	2.35
有限元	0.3	630	100	65	12	310	6	310	135	128	330	0.94	2.32
有限元	0.5	630	100	65	12	310	6	310	130	128	330	0.98	2.41
有限元	0.7	630	100	65	12	310	6	310	135	128	330	0.94	2.32
有限元	0.1	830	100	65	12	310	6	310	90	93	328	1.04	3.48
有限元	0.1	780	100	65	12	310	6	310	103	99	328	0.96	3.02
有限元	0.1	730	100	65	12	310	6	310	112	107	329	0.95	2.80
有限元	0.1	680	100	65	12	310	6	310	125	116	329	0.93	2.51
有限元	0.1	630	100	65	12	310	4	310	123	109	302	0.88	2.39
有限元	0.1	630	100	65	12	310	5	310	125	117	314	0.94	2.41
有限元	0.1	630	100	65	12	310	7	310	325	140	348	1.01	2.36
有限元	0.1	630	100	65	12	310	8	310	339	154	369	1.06	2.33
有限元	0.1	600	100	50	12	310	6	310	93	88	265	0.95	2.68
有限元	0.1	610	100	55	12	310	6	310	109	100	287	0.92	2.48
有限元	0.1	620	100	60	12	310	6	310	116	113	308	0.98	2.52
有限元	0.1	640	100	70	12	310	6	310	147	143	351	0.97	2.27
有限元	0.1	650	100	75	12	310	6	310	176	160	373	0.91	2.02
有限元	0.1	660	100	80	12	310	6	310	191	178	394	0.93	1.98
有限元	0.1	670	100	85	12	310	6	310	207	197	416	0.95	1.93
有限元	0.1	630	100	65	12	215	6	215	90	88	229	0.99	2.42
有限元	0.1	630	100	65	12	350	6	350	156	144	372	0.93	2.27
有限元	0.1	630	100	65	12	380	6	380	174	156	404	0.90	2.20

参考文献

[1] LIANG Q Q, UY B. Theoretical study on the post-local buckling of steel plates in concrete-filled box columns [J]. Computers & Structures, 2000, 75 (5): 479-490.

[2] MANDER J B, PRIESTLEY M, PARK R. Theoretical Stress-Strain Model for Confined Concrete [J]. Journal of Structural Engineering, 1988, 114 (8): 1804-1826.

[3] DING F X, ZHE L, CHENG S, et al. Composite action of octagonal concrete-filled

steel tubular stub columns under axial loading [J]. Thin-Walled Structures，2016，107 （10）：453-461.

[4] RICHART F E，BRANDTZG A，BROWN R L. A study of the failure of concrete under combined compressive stresses，Bulletin 185. 1928.

[5] 王成刚，张泽阳，梁恒斌，等. 方、圆钢管再生混凝土长柱轴压性能试验对比分析 [J]. 建筑结构，2020，50 （S1）：715-720.

[6] 东南大学，天津大学，同济大学. 混凝土结构设计原理 [M]. 6 版. 北京：中国建筑工业出版社，2016.

[7] 中华人民共和国住房和城乡建设部. 钢管混凝土结构技术规范：GB 50936—2014 [S]. 北京：中国建筑工业出版社，2014.

[8] 中华人民共和国住房和城乡建设部. 混凝土结构设计规范：GB 50010—2010 [S]. 2015 年版. 北京：中国建筑工业出版社，2010.

[9] 陈骥. 钢结构稳定理论与设计 [M]. 北京：科学出版社，2006.

[10] 中华人民共和国住房和城乡建设部. 钢结构设计标准：GB 50017—2017 [S]. 北京：中国建筑工业出版社，2017.

[11] EN 1994-1-1 Eurocode 4. Design of Composite Steel and Concrete Structures – Part 1-1：General Rules and Rules for Buildings [S]. Brussels：CEN，2004

[12] 韩林海. 钢管（高强）混凝土轴压稳定承载力研究 [J]. 哈尔滨建筑大学学报，1998，31 （3）：6.

[13] 张岩，张安哥，陈梦成，等. 圆钢管混凝土轴压长柱有限元分析 [C] // 中国钢结构协会钢-混凝土组合结构分会学术会议暨钢-混凝土组合结构的新进展交流会，2007.

[14] 周绪红，闫标，刘界鹏，等. 不同长径比圆钢管约束钢筋混凝土柱轴压承载力研究 [J]. 建筑结构学报，2018，39 （12）：11-21. DOI：10.14006/j.jzjgxb.2018.12.002.

[15] ACI 318-11，Building Code Requirements for Structural Concrete and Commentary [S]. American Concrete Institute，Farmington Hills，MI，2011.

[16] British Standards institution. Eurocode 2：Design of Concrete Structures：Part 1-1：General Rules and Rules for Buildings [S]. British Standards institution，2004.

[17] 中国工程建设标准化协会. 矩形钢管混凝土结构技术规程：CECS 159：2004 [S]. 北京：中国计划出版社，2004.

[18] PARK J W，KANG S M，YANG S C. Seismic Performance of Wide Flange Beam-to-Concrete Filled Tube Column Joints with Stiffening Plates around the Column [J]. Journal of Structural Engineering，2005，131 （12）：1866-1876.